应用伦理学前沿问题工作坊

·三·

主编 王露璐

副主编 张燕 陶涛

江苏人民出版社

图书在版编目(CIP)数据

应用伦理学前沿问题工作坊. 三/ 王露璐主编.
南京:江苏人民出版社, 2024. 11. -- ISBN 978-7-214-29532-3

Ⅰ. B82-53

中国国家版本馆 CIP 数据核字第 2024NA0418 号

书　　名　应用伦理学前沿问题工作坊・三
主　　编　王露璐
副 主 编　张　燕　陶　涛
责任编辑　孟　璐
装帧设计　刘　超
责任监制　王　娟
出版发行　江苏人民出版社
地　　址　南京市湖南路 1 号 A 楼,邮编:210009
照　　排　江苏凤凰制版有限公司
印　　刷　江苏凤凰数码印务有限公司
开　　本　652 毫米×960 毫米　1/16
印　　张　14　插页 1
字　　数　193 千字
版　　次　2024 年 11 月第 1 版
印　　次　2024 年 11 月第 1 次印刷
标准书号　ISBN 978-7-214-29532-3
定　　价　48.00 元

目　录

第一期　精神健康伦理

——概念与困惑*

主讲人：肖巍
主持人：王露璐
评议人：周红
与谈人：张燕、焦金磊、吕雯瑜、张萌、沈洁、陈佳庆、陈欢、边尚泽、赵子涵

案例引入

世界卫生组织2017年2月23日的报告显示，2015年全球超过3亿人受抑郁症困扰，约占全球人口的4.3%，中国抑郁症病例占全国人口的4.2%。在全球范围内，每年抑郁症会造成超过1万亿美元的经济损失。2005年至2015年，全球抑郁症患者的人数增长了18.4%。抑郁症的发病率高峰出现在老年人群，其中55岁至74岁的女性患病率高于7.5%，高出同龄男性2%。同时，抑郁症导致的自杀行为是15岁至29岁人群死亡的第二大原因，而且从发病率来看，女性是男性的约1.5倍。①由此可见，精神健康（Mental Health）问题已经成为当代世界公共健康领域的一个难题。在2022年10月10日，《柳叶刀》（*The Lancet*）发表《结束精神健康问题污名化和歧视重大报告》（The Lancet Commission on Ending Stigma and Discrimination in Mental Health），指出“对

* 本文由南京师范大学公共管理学院硕士生边尚泽根据录音整理并经主讲人肖巍审定。

① 参见凤凰健康：《世卫组织：全球3亿人受抑郁症困扰　中国病例占全国人口4.2%》，2017年2月25日，http://fashion.ifeng.com/a/20170225/40195898_0.shtml，访问日期：2023年3月7日。

精神疾病的”污名化和歧视比疾病本身更可怕。这意味着精神健康问题没有得到应有的重视，而且精神障碍群体也正在面临被污名化和受到歧视的双重风险。精神疾病（Mental Illness）存在于非物质化的、非客观化的思维环境中，无法如同身体疾病那样得到清晰的病理学描述和诊断，[①]依旧是一个为精神病学、医学、哲学，以及精神病学哲学（Philosophy of Psychiatry）争论不休的模糊概念，其模糊性不仅影响到人们对精神疾病的认知、相关法律的制定与政策的出台，还关乎精神疾病学的临床诊断与治疗实践。

面对亟待解决的精神健康难题，我们也尝试以哲学伦理学视域分析探讨，以更好地开展精神疾病的预防、识别、诊断和治疗等相关活动，促进当今的精神健康事业和精神病学哲学学科建设。

主讲人 深入剖析

2022年世界卫生组织报告强调，世界上约有10亿人患有精神障碍，约占全球人口的12.5%，且不同精神障碍的患病率因性别和年龄不一。焦虑症、抑郁症是常见的精神障碍疾病。从全球范围来看，虽然所处地区的文化背景、传统习俗不同，但是精神健康问题的经历者们普遍遭遇了歧视和偏见。这不仅不利于个体的自我发展，也不利于社会繁荣。正如2005年欧盟的《促进人口的精神健康：有关欧洲联盟精神健康的策略》绿皮书指出，没有精神健康便没有健康。对于公民来说，精神健康是使他们能够发挥自己的知识和情感潜能，发现和完成自己在社会、学校和职业生涯的角色的资源。对于社会来说，公民良好的精神健康有助于社会的繁荣、团结和公正。相反，精神

① 参见肖巍：《精神疾病诊断“有效性”的哲学探讨》，《医学与哲学》2016年第11期。

障碍会给公民和社会体系带来多重代价、损失和负担。人和动物的区别就在于人们能够超越现在看得见的世界，把一个看不见的世界作为自己生命的精神支柱。一个人是否精神健康，与其人生观、世界观联系紧密。如果一个人不能拥有一个永恒的精神支柱，就没有办法以宽阔的胸襟去接纳自我、面对苦难，也就无法建立心灵的秩序，无法不断地促进心灵成长和自我的拓展，便有可能成为精神疾病的受害者。我觉得伦理学不仅有助于建立心灵秩序，而且可以带动心灵成长。2022年10月10日，《柳叶刀》发表《结束精神健康问题污名化和歧视重大报告》，呼吁人们意识到："在全球范围内，不仅精神健康问题没有得到应有的重视，而且精神病群体也正在面临被污名化和受到歧视的双重风险。"因而，国际社会特别注重精神健康问题，并且专门讨论了应当如何对待精神疾病患者或者精神不健康人群的问题。结合此报告，我也在思考，在我们国家，有没有对精神不健康人群的污名化？有没有对这些群体的歧视？如果这是一个全球性现象，那我们的污名化、我们的歧视究竟表现在哪儿？

哈佛大学教授阿瑟·克莱曼（Arthur Kleinman）著有《苦痛和疾病的社会根源》（*Social Origins of Distress and Disease*）、《疾痛的故事》（*The Illness Narratives*）、《道德的重量》（*What Really Matters*）等。他认为精神疾病问题导致的经济负担是巨大的，其风险和影响也是全球性的。精神健康问题导致了很多潜在的、非常昂贵的疾病负担，包括癌症、心血管疾病、糖尿病、艾滋病、肥胖症等。克莱曼基于统计学数据得出结论说，精神疾病能让全球生产力每年大约损失一万亿美元。精神疾病主要表现为两种形式，一种是焦虑症，一种是抑郁症。普遍地说来，在全球范围内，妇女是特别弱势的群体。80%的人在一生之中会有一年遭遇精神疾病的困扰，在低收入和中等收入国家这一问题更为普遍。在美国，大约16%的人有精神健康问题和成瘾障碍。对其中30%的人来说，这种障碍会持续一年以上。高达50%的人在有生之年会遭受一种精神障碍的折磨。而且，约33.3%的美国人在生命的某一阶段会表现出某种程度的精神障碍。这个群体中2.6%的人会出现诸如精神分裂症一类的严重精神障碍。《自然》（*Nature*）在2017年发布了一份有关报告，报告调查了全球5700个博士的精神健康状况，发现博士群体患有精神疾病的概率是普通人的2.6倍。25%的博士生有精神健康问题，其中45%的人曾因为读博带来的焦虑和压力寻求过救助。这部分人群有一个非常典型的症状，即常常感觉自己是个冒牌博士，并自我否定，这种自我否定便产生精神压力。尽管75%的受访者认为他们能够进行研究工作，但是值得注意的是，只有少部分受访者表示对未来的工作满意。这意味着研究工作和令人满意的工作并不一致。他们对如下问题感到焦虑：如何平衡工作和生活、职业发展和经济问题，以及读博的意义是什么等。我也带博士生，因此十分关注他们的精神健康问题，尤其是在论文送审之前，博士生都普遍表现出了某种程度的焦虑。

2014年，世界卫生组织发布关于自杀问题的报告，报告表明每年有80万人自杀，每45秒就有一人死于自杀。自杀的人口集中在15—29岁，而且自杀是这一年龄段的第二大死因。我在清华大学已经教书30多年了，感觉到每代学生都不太一样。以前学生并不怎么问人为什么要活着，但是现在的孩子从小就问为什么要活着，活着的意义是什么。可以感受到现在的孩子感觉自己活在别人的期待中，常常在网络虚拟世界中展示自己，而且展示越多就越恐惧面对真实的自己和他人。2010年，教育部在《国家中长期教育改革和发展规划纲要（2010—2020年）》中就提出了安全教育、生命教育、可持续发展教育。我觉得我国在这方面可以做更多的工作，例如耶鲁大学就开设了死亡公开课，课上老师提问：人是什么？人是一种什么样的实体？人有灵魂吗？自身是道德的吗，非理性的吗？鼓励学生从哲学视角思考死亡，挑战看似有道理的观念，用有逻辑的论证去挑战我们思考上的舒适区。在缺少这种课程的情况下，如果我们的学生患有抑郁症，自杀风险就比较大。如果我们也设置这样的课程，那么我们教育的目的不仅仅是让学生活着，而且要让学生找到生活的意义，让学生理解痛苦。如何进行这种教育？如何对大学生进行生命教育和自我教育？生命伦理学如何贯彻到大学生的生命教育之中？这也是我们必须思考的问题。

人们在界定一个概念时，通常会坚持下列三种观点中的一种："其一是纯粹评价的，不包括任何经验成分；其二是纯粹描述的，不包括任何评价成分；其三是由评价和描述两种成分组成。"[①]而且根据语言分析的观点，在定义某一对象时应当注意到三个方面：定义所呈现出的问题的本质；所能获得的解决问题的方法；在解决这类问题时人们所能期待的结果。[②]这就表明，任何概念都包含一种深刻的价值内涵，它取决于在界定过程中的方法论选择。基于上述观点，精神疾病应有广义和狭义之分，从广义上说，它通常与人们心理上的痛苦和总体上的不幸福状态相关。从狭义上说，它意味着在各种生物学、心理学以及社会环境因素影响下，人类大脑功能失调所导致的认知、情感、意志和行为等精神活动方面不同程度的障碍。20世纪60年代，美籍匈牙利裔精神病学家托马斯·萨斯（Thomas Szasz）著作《精神疾病的神话：一种人的行为理论基础》（*The Myth of Mental Illness: Foundations of a Theory of Personal Conduct*）出版，提出"精神疾病是一个神话"的观点，并引发了学术界数十年来的思考和争论，也促使精神病学哲学问世和发展。萨斯认为，精神不是一个如同大脑和心脏一样的器官，人的行为也并非如同糖代谢和造血一样是一种功能，人不是机器，不能当成物来对待。人的行为从根本上说是道德行为，不把握伦理价值便试图描述和改变人类行为的

① Rem B. Edwards, ed. *Psychiatry and Ethics*. New York: Prometheus Books, 1982, p. 18.

② 参见 Stephen G. Post, ed. *Encyclopedia of Bioethics*, 3rd Edition. New York: Macmillan Reference USA, 2004, p. 1790。

做法注定要失败。他试图在精神病学中引入政治、社会和道德思考，并建立一种人的行为理论，把伦理学纳入对精神疾病的解释和治疗。理性和精神是把人与万物区分开来的标志。人作为世界上最为复杂的生物，其精神世界与人本身一样是一个神秘难解的谜团。然而，人类所面临的精神健康问题和困境无时无刻不在逼迫精神病学、哲学以及精神病学哲学铸造各种概念，找到摆脱问题和困境的方法和路径。在这条探索的路途上，萨斯提出并引发的关于"精神疾病"概念的争议是深化探寻人类精神世界和自我认知的一个路标，尽管人们依旧无法判断路在何方，但不容否认的是，由于萨斯的理论观点，我们关于精神疾病的思考已经更复杂、更深邃、更矛盾，更有生机和希望。

对此，我们可以打破传统的身/心、医学/社会、理性/疯癫等二元论思维方式，从整体性（holist）和缘身性（embodiment）出发理解"精神疾病"概念。美国现象学家和存在主义医学哲学家图姆斯（S. K. Toombs）也指出，疾病是人类存在的一种本体状态。疾病让我们感受到躯体已经不是自己的盟友，我们的手指、腿和其他器官已经不像往日那样按照我们的意愿行事，而且只有此时我们才发现，我们的自我意识与躯体多么紧密地联系在一起。疾病或者残障不仅仅是一个生理事件，也是我们的本体存在，是我们在这个世界中的一种存在状况。[①] "当身体出毛病时，生命也发生了故障。""患者并不是仅仅'拥有'这个躯体。他或她就是这个躯体。结果，患者并不仅仅是'患有'某种病症，而是生存于他们的病情之中。例如，患有多发性硬化症、关节炎、心脏病之类疾病的患者，他们就是以非常特殊的方式生活于一个失控的躯体之中，而不仅仅是'患了'某种可以识别的疾病。"[②]这也如同当代中国作家贾平凹所形容的那样，"生病是另一种形式的

① 参见[美]S. K. 图姆斯：《病患的意义：医生和病人不同观点的现象学探讨》，邱鸿钟、陈蓉霞、李剑译，青岛：青岛出版社2000年版，第106页。

② [美]S. K. 图姆斯：《病患的意义：医生和病人不同观点的现象学探讨》，邱鸿钟、陈蓉霞、李剑译，青岛：青岛出版社2000年版，第94页。

参禅”。因此，无论从哲学还是医学意义上说，身体和精神的疾病都是紧密联系和相互转化的，这仅仅是因为人本身是一种整体性的本体存在，人们只是在分析和做概念研究时将身心分离，而在现实生活中必须把两者统合起来还原成一个整体。尽管当代神经科学、生物学、脑科学和医学发展尚未达到准确地阐释精神疾病病因的程度，但这并不意味着这些病因是不存在的。从哲学上说，无论身体的还是精神的疾病都不是单一的疾病，都必须从作为本体存在的、具有统一性和整体性的人，也就是“精神是生物—心理—社会统一的表现”的角度来理解。从“缘身性”来看，主体是作为身体来生存的，有生命的身体是物质身体在特有社会文化背景下行为与体验的统一体，身体存在于情境之中，身体的存在及其物质环境构成一个人的现实性和各种可能性。身体是一个统一的整体范畴，它消除了任何诸如身体/心灵、身体/物体、身体/世界、内在/外在、自为/自在、经验/先验的二元对立，因为身体不单单是支撑着我们行动的躯体，也包括我们的意识、精神和心灵，身体及其意向性是身心关系统一的基础。

哲学需要以探讨精神世界为己任，在精神疾病学发展方面作出独特贡献。我期待心理学、精神疾病学和哲学一起跨学科讨论精神健康问题，这也是当代精神疾病学哲学的主要研究方式。我更相信中国传统哲学文化、女性主义和新医学哲学能够为国际精神疾病学的发展提供重要理论资源。

自由阐述

边尚泽：我主要从个人对精神疾病的认识和精神健康问题的疗愈手段分享观点。首先，我认为我们实际上是生活在两个不同的世界，一个是个人的、情感体验的世界，且并不需要理性的参与，在此我们只需感受自身的生活；另一个是公众的、理性理解的世界，且必须把所有的质料转化为一种理性形式，而后使用理性形式及其内容进行沟通。这两个世界有着本质的差异隔阂。具体而言就是一个人的实际体验永远无法被另一个人完全理解感知。但是通过我们的努力，一定程度上我们可以跨越这个隔阂，使得个人的情感生活可以与公众的理性生活相统一。我认为精神健康问题实际上源于这两个世界的分裂，一些个人的情感体验在个人的生命之中起到了重要的作用，但是无法进入公众理性世界，因而成为一种脱离正常的非健康状态。对于这种精神非健康状态的疗愈，有效的手段就是帮助非健康人士进行积极的自我认识、自我理解和自我揭示，把自身的情感通过反思手段转化为理性形式，从而使得公众对个人的情感生活的理解成为可能。如果一个人连自身的状态都无法理解，那么让一个完全无法对其生活感同身受的人去理解认识他/她更是几乎不可能的。因此解决精神健康问题，本质上要依托个人积极进行自我认识的努力，这使得个人可能跨越两个世界的隔阂。

张萌：我不认同边尚泽同学的观点，他将感情转化成理性的方式过于抽象。尽管每个人都无法很好地做到与别人感同身受，但至少需要摒弃宏大的视角思考，尊重每个人不同的心理体验。他说他遇到一些心理健康存在问题的人，但这种判断是极为主观的，也许在人家心里他才是那个心理不健康的人，这一点我们无从得知。我认为，对于心理精神问题，不能轻易下判断。因为精神健康的临床诊断跟贴标签类似：对于精神健康问题的临床诊断在一定程度上意味着对某一类人群的分类，然后给他们分门别类贴好标签。每个人的生活都是独一无二的，我们自己都过着无法复制和重复的生活，因此，我们在理解别人的时候，要考虑其独特性。同时，我们又生活在与他人联系的世界中，所以，考虑具体的精神健康问题是否有先例对于我们对此的理解和实践也是必要的。因此，当我们听到类似的精神健康问题时，我们不仅应该关注这个人独特的体验，也应该关注普遍的临床意义；面对有精神健康问题的人，重要的是要把我们理性的能力和我们对此的知识联系在一起，把医学标准和社会环境因素联系在一起。

沈洁：精神疾病存在于非物质化的、非客观化的思维环境中，无法如同身体疾病那样得到清晰的病理学描述和诊断，甚至人们对于精神疾病是否存在，以及临床诊断的有效性等问题也一直有争论。自我与他人、社会与世界的关系等都是伦理学研究的主题，精神疾病意味着自我、关系和认知的扭曲，如幻觉、消极体验和错觉体验等，因而从伦理学讨论精神病学是有意义与价值的。对于精神病患如何与共同体相处的问题，可以运用关怀伦理思想。关怀伦理是在人类实践生活维度探讨、解读、解决道德问题的。在关怀伦理思想中，个人不再是原子化独立的存在，而是关系性自我，即在社会关系网中与他者进行交流互动的主体。人们“通过对他人与自我关系的重新理解，消除了自私与责任之间的紧张关系，关怀成为自我选择的判断原则”①。为了实现自我价值，人们必须考虑并结合与之相关的价值（关爱、同情、包容等），并通过与相关价值的融通保证自我实现。关怀伦理以其交互性视角，不仅展现了人与人交往之中的美好，更体现了生活的多元丰富。它要求人们丢弃“抽象的至高原则”，而是面对具体的生活情境，作出令人最大程度上满意的选择。在现代陌生人社会，关怀关系拉近了人与人之间的距离。自我与他者都处在关怀关系之中，依赖着关怀关系生存和发展，人们需要并且认同生活实践中的交流活动，因此自我的生活与他者的生活得以和谐融合，并且自我价值的个性化特质及自我认知也能够被保留。

赵子涵：精神健康不仅归属于医学领域，更归属于社会领域，在伦理、文化

① ［美］卡罗尔·吉利根：《不同的声音：心理学理论与妇女发展》，肖巍译，北京：中央编译出版社1999年版，第77—78页。

以及政治意义上关系到一个人的人格、自由、社会权利和地位。精神疾病不仅仅反映了身体上的异常与功能失调，更是心灵上的障碍与问题。精神疾病的产生是内因和外因综合作用的结果。对于个人而言，自尊心强、心灵脆弱是一方面，另一方面人也是社会关系的总和，人是与他人、与社会相互联结的，个人的问题也源于社会等多方面因素。我病了，可能病的不是我，而是病人在疾病之中，是世界病了，是病人的“在世存在”方式有障碍。精神疾病是多种因素结合导致的，不仅仅是病人自身的问题，还有与其联系的周围的人与环境等的问题。那么它相应的解决措施与治愈方法应当也是多层面的，需要从其诱因所在的多重维度来探讨。对于精神疾病被污名化、标签化的现象，我们要打破偏见，并且勇于关爱，对身边、社会上的弱势群体运用关怀伦理。疾病的治疗不应局限于医学上的治疗，还应有心理学、哲学等方面的综合辅助治疗，需要用跨学科的视角来认识、分析与解决。

陈佳庆：根据匹兹堡学派对于概念内容的研究，经验主义将概念作为一种工具用于表象经验、认知和实践，理性主义则将概念作为规范性的载体来规约认知和实践。概念的结构和统一也就是自我的结构和统一，所以当我们使用某些概念或语言的时候，我们是在展现自我，即认知和行动通过认知和行动的概念呈现自我，同时塑造自我，自我也通过概念指导实践和规约实践。其实不存在私人实践，不存在私人语言，不存在私人理由，因为我们处在一个交互性的社会之中，我们在一个社会网络之中形成自己的概念和自我，同时这种社会交互的影响也可以是负面的，即我们形成的自我可能是病态的，以病态的自我形成病态的概念，最后产生病态的认知和实践，这也许就是精神疾病的一种解释。

我觉得萨斯的观点是有价值的，他不是完全否认精神疾病的存在，只是希望更多地在社会和伦理层面去关注精神疾病。这个观点在现在是易于接受的，当今医学模式已经从单纯的生物医学模式进步到了生物—心理—社会医学模式，所以关注疾病生物事实以外的形成因素是现代医学的共识，而对于更加特殊的精神疾病而言，关注其社会、伦理、心理和政治因素当然是更加必要的。因此，我认为我们需要以更加正确的态度和方式去治疗精神疾病，一方面我们要避免讳谈精神疾病，某些时期压抑的认知和实践塑造了病态的概念和自我，这是可以理解的，不需要为此羞耻；另一方面我们也不能简单地对待精神疾病的治疗，仅仅让患者吃药而忽略他们内心世界的重建是不负责任的。

吕雯瑜：历史上人们对精神病概念的探讨从未间断过。美国精神病学家霍妮（Karen Horney）从更加广泛的社会关系来探讨人格的形成和精神病因。她认为，西方文明中存在的剥削和竞争严重地妨碍着人的心理健康和人格发展。理想的自我与真正的自我之间的矛盾是导致精神病的主要原因。弗洛姆（Erich Fromm）从社会发展的过程来考察现代人的性格养成。他把文化与政治、经济、意识形态等方面结合起来。他认为人类进入资本主义社会，社会中冷酷竞争的现实使人产生一种孤寂和恐惧，这种孤寂不安之感进入潜意识，结果变成强迫性观念和行为，精神病由此而生。美国人格心理学家奥尔波特（Gordon Allport）从“正常”与“非正常”的角度对人格进行了概念界定。正常人格就是行为符合权威性标准的，而反常人格则是行为与权威性标准不一致的。他进一步指出规范的两种形式，一种是统计学意义上的，即一般的或常见的情况，另一种是道德意义上的。两种规范截然不同，有时甚至是矛盾的、冲突的。因此，一味地强调要求人们的行为符合权威标准，其结果只能是使人们成为庸才。在我看来，对于“精神病”的哲学探讨从未间断过，但是，在这种纷争面前，如何增强人们的适应能力、缓解人们的心理压力以保持健全的理智，才是我们应该探讨的问题。社会的发展需要积极意义上的正常、健康和健全的公民，绝不能把任何一种偏离常规的行为举止都看作精神病的症状。

陈欢：精神疾病是一种严重影响身心健康的疾病。精神病人在面对自我存在的意义问题时，在从焦虑无法排解到抑郁难以治愈的生病过程中，通常会不断地否定自身的价值。现代社会中，人们过于追求个性化而忽略群体共性，存在着利己主义、个人主义等多元的道德原则，使得精神病人在群体中很难找到与自己有相同思想、兴趣或情感的对象，精神病人难以建立正常的亲密关系或特定社会联系。在长时间断开与社会的联系后，因无法找到自身意义而引发更为孤独与痛苦的精神问题，精神病人迫于情感、认知与意志的内在心灵需求，不得不创造出一个属于自己的世界，外在表现为经常自言自语、不与外界沟通等“不正常”行为。正常人在面对精神病人时通常会感到害怕，出于趋利避害的本能选择远离他们以保护自己。在这种情况下，他人或社会是否有义务去关爱或治愈所谓的精神病人？这个义务又是否在于将他们变为“正常人”？我认为，与群体保持同步的“正常”也只是因为大家都这么做而已，比如纳粹屠杀，德国公民选择了目前看来疯狂的种族主义，而在当时却没有深究这种群体行为是不是“正常”。在社会整体处于病态时，这种“正常”的标准是社会掌握话语权的一方对未掌握话语权的另一方的权力规训，最终还得回到哲学中个人与社会的关系问题中去探讨其根源。

焦金磊：我希望通过概念比对的方式探讨“精神疾病”的哲学定义，所以我首先想到的是“残障”概念。依据纳斯鲍姆（Martha Nussbaum）在《正义的前沿》（*Frontiers of Justice*）中的定义，残障意味着“身体受损”＋“影响了当事人实现个人的善观念”。然而这一定义无法平移至精神病上，因为我们无从判断精神病患者是否实现了个人的善观念，也无从判断其身体的损伤。那么是否可以将精神病患者类比于“异端”“异见者”呢？我认为也是不合适的，布鲁诺被烧死而不是被送到精神病院的原因在于，他能够条理清晰、理性地说出自己的观念，而这是精神病患者无法做到的。但我很快意识到这一对比并不合适，因为布鲁诺与他人的分歧还不够大，如果大到古代人与现代人观念差异的程度，我毫不怀疑布鲁诺会被当作精神病患。这里让我明确的一点是，精神病意味着“一种特殊的运用理性的方式”。因此接下来的问题就是，它的特殊性在于何处？可以想到的是马克思对于异化概念的处理，是在与“对象化劳动”的对比中诞生的。

张燕：结合肖老师刚刚提到的中医传统文化，我跟大家分享一点相关内容。福柯（Michel Foucault）在《疯癫与文明》（*Histoire de la folie à l'âge classique*）的前言中就说：“我们有必要确定这种共谋的开端……有必要试着追溯历史上疯癫发展历程的起点。”[①]循着福柯的这一追溯路径，我们可以发现，在西方早期，我们今天所说的精神异常或者精神不健康的状态，古希腊人称之为“张狂”。但在古希腊，古希腊人对“张狂”并不是一种排斥或谴责的态度，比如我们熟知的阿基米德，他就常常裸奔，还口出狂言“给我一个支点，我就能撬起整个地球”。但到了中世纪，由于对理性的推崇和高扬，理性与疯癫逐渐成为对立的关系，人们渐渐把精神错乱完全归结为精神疾病。中医中的“癫狂”，最早记载于《黄帝内经》。《黄帝内经》中，有怒伤肝、喜伤心、忧伤肺、思伤脾、恐伤肾的表述，还提到惊则气乱、恐则气下、怒则气上、思则气结。恼怒伤肝，忧思伤脾，气机逆乱，而发生精神分裂。一般来说，气滞、痰结、火郁、血瘀等因素是癫狂的病因。从西方后来的进路来看，身心似乎是二元分立的。但在中医理论中，身心并不能割裂开来，无论是病因分析，还是治疗方案，采取的都是身心一体的路径，即整体辩证施治。

总的来说，就像刚刚肖老师所讲，“精神疾病”的范畴总会暗含着我们

① ［法］米歇尔·福柯：《疯癫与文明》，刘北成、杨远婴译，北京：生活·读书·新知三联书店2012年版，第1页。

不同程度的排斥态度，当一些人排斥另一些贴着“精神疾病”标签的人，这就已经是一个鲜明的伦理问题，而伦理学在这方面能起的作用似乎在于昭示这种排斥，并尽可能改变这种情况，减少污名化、减少歧视，让人的自由、价值、尊严等重要追求得以彰显。今天这次工作坊的意义也正在于此，我们通过应用伦理学的学术讨论形式，关注到了精神健康问题，并试图在伦理学术框架内做一些进一步的解释和分析工作，这是伦理学人对现实问题的一种关切方式。谢谢肖巍老师的引领和启发。

主讲人 问题回应

我总体上认为同学们的思路开阔。关于疾病与正常的界定问题，我认为这不仅是一个精神病学上的定义，也是一个社会、哲学、文化和历史方面的定义。同时我赞同“不正常”的标签导致了对人的排斥，也带来了人们对精神疾病的负面态度这一观点。关于概念的问题，概念来源于理性主义传统，本身具有一种规范性，被用于定义精神疾病、自我、健康的时候，实际上都隐含某种时代的价值标准。那么这可以理解为，通过理性思维被定义的概念，都暗含着一种价值因素。这意味着我们可以用价值视角来看待与精神疾病产生、预防和治疗相关的问题。对于精神疾病的问题，可以运用女性主义理论资源来思考如何关怀精神疾病人群，但也要关注关怀和义务是否需要进行区分，是否能够进行区分；也可以运用理性、政治权利等视角分析现代社会的文化、情感等因素对精神疾病的影响，包括张燕老师提出的如何从中西文化的起点来看中西方哲学的差异，怎样把中国的《黄帝内经》这种整体的思维认识路径融入中国精神病哲学的结构，这些也是我们要继续努力的方向。

评议人 总结点评

今天的工作坊探讨，展现了直面现实的勇气，我看到了大家从法学视角、伦理学视角、哲学视角、心理学视角等各个方面探讨精神健康，也感谢同学们的分享，无论是从伦理关怀、个人和世界的关系，还是用感性或理性面对这个问题。大家不局限于从一个视角去归因，这些分析拓宽了精神健康问题的研究面向。精神健康话题在今天的时代背景下，确实影响着每一个家庭、每一个群体。结合我在学校心理工作站工作二十多年的经历，我认为建构精神病哲学学科，无论是在精神病医学还是哲学方面，都是现实社会需要直视和回应的问题。我们的现实世界越来越富了，效率越来越高了，但我们越来越好了吗？我们关注到老年、青少年、儿童，都存在着不同的心理危机和精神疾病。因此，我们一定要以顶天的学术研究视角去做立地的工作。

我从心理学专业角度回应同学们的一些疑惑。关于是否正常的界定，在实际工作中一般有三个标准：（1）以大多数人为视角；（2）当事人是否觉得痛苦；（3）当事人不觉得痛苦，但其行为是否存在伤害性。这三个标准并不是绝对的，只是心理治疗和心理干预工作的应对方式。随着社会的不断发展，我们对于身体健康和精神健康的定义都在遭受挑战。精神健康问题是现实社会需要正视和反思的重要问题，处于精神困境中的人迫切需要被关怀、被理解和被支持。关于自杀的问题，我承认并且认同，自杀是所有人的权利。这个观点虽然较为危险，但这并不意味着这样的权利允许你去践行。在心理学研究中，自杀的人是想着去解决问题的。我们认为自杀者只是没有找到更好的解决方式而选择了极端的解决方式。尽管这是人的权利，但自杀不是值得提倡和鼓励的。为何我们认同自杀，是因为自杀者经历了极致的痛苦，无论这个痛苦是针对自我还是他人，还是社会。他/她想解决问题，实在找不到其他方法才选择了这种方法。我们也理解深度的自我否定。自杀的核心症状就是孤独和悲哀：尽管我在人群中，但我不在这里；悲哀是各种愿望受阻，各种失望，有的是针对社会的，有的是针对父母的，最终是针对自我的，那么糟糕的社会，我无能为力，我就不跟你玩了。最后针对童年创伤，我们虽然经常说弗洛伊德理论，但我们不应该广泛宣传童年创伤的理论，因为它似乎让人们觉得后天所有的灾难都和童年有关，也丧失了后天努力。但是实际上心理学的跟踪研究表明，有三分之一的人是可以修复童年创伤的。也就是你遇到糟糕的父母，并不意味着你的未来不值得期待，重要的是你当下该怎么做，否则心理工作就没有意义了。因此，我希望未来在这个方面，哲学伦理学的同学们能够更多地探索一些有意义的发现和有价值的支持。关于贴标签的问题，我们今天为什么会讨论这个问题，很重要的原因在于那些处于精神困境的人是不被现在的社会所允许存在的。如果人什么样子都可以被允许存在于社会，被群体所接受，那么正常与不正常就不会引起我们的讨论。人在被允许的基础上，从而可以被理解，最后能够被支持。这样便可以消解贴标签的负面价值。

希望同学和老师们以哲学伦理的视角去讨论精神健康的内核以及标准，从而助力更多的从业者能够以悲悯之心、专业之能、人文之光，帮助每个求助者有尊严地生活，并拥有快乐和有意义的人生。肖老师的分享展示了应用伦理学研究的学术方法和学术思路，应用伦理学的研究既要出自对现实问题的思考，又要回到对哲学方法和学术资源的应用，同时还包含着多学科的理论交叉与碰撞。应用伦理学的意义并不是要让大家找到普适性的答案，而是在于以更广、更深、更前沿、更全面的视角思考相关问题。

第二期　乡村社会的正义与秩序

——从《显微镜下的大明之丝绢案》讲起*

主讲人：焦金磊

主持人/评议人：王露璐

与谈人：王璐、吕雯瑜、张萌、沈洁、陈佳庆、边尚泽、岳玲玲、孔凡

案例引入

无论在电视剧还是原著中，《显微镜下的大明之丝绢案》主人公帅嘉谟的形象都是别扭的。在电视剧中，他的设定是一个“怪人”“算呆子”，因为他满脑子都是数学问题，他的提告既不是为了自身利益，也不是为了歙县百姓，更不是为了国计民生、公平正义，仅仅是因为这是一个数学问题。在原著中，帅嘉谟则一直是一个讼棍（专注于搬弄是非打官司的人）的形象。我们可以看到，无论何种立场、何种性格的人物（甚至帅嘉谟自身）都达成了这样一个共识——帅嘉谟的提告行为跟任何利益都不相干，所以要么他是个古怪的人，要么他“另有所图”。我这里介绍帅嘉谟的形象是希望大家首先思考一个问题：为什么我们感觉一个人他不会依据正义而行事？其次，我们在整个事件过程中很难在任何一方那里找到正义的影子，一些愿意帮助帅嘉谟的人也是因为朝廷要推行的“一条鞭法”政策，表面看起来是为了所谓的“正气公心”，但是实际上正如剧中所呈现的情况，正义感对于人们行动的

* 本文由南京师范大学公共管理学院硕士生岳玲玲根据录音整理并经主讲人焦金磊审定。

支持力度非常弱。在丝绢案中，各县的利益和负担已经形成了较为合理的新的分配，如果没有灾荒、战乱、疫病这些强横的外界干扰，现有的分配格局几乎不会受到挑战或调整。进一步说，即使帅嘉谟的行为存在一个“正义”的理由，但其在结果上使承受重负的另外五县民众再加负担，这种正义似乎是荒唐的。因此这里就产生了一个新的问题：正义本身是否具有价值？或者说正义本身是否具有一种独特的价值？如果没有，那么正义是什么？如果有，那它的价值该如何判定？我们还可以看到，无论是帅嘉谟的支持者还是反对者都很难说是在“依正义行事”，他们的目的都在于自身的现实利益，而非正义感或道德良心。或者说，即使他们有正义感或道德良心，在这个事件中也是无效的。其余五县的人，在整个反对过程中，也并非纠结于“人丁丝绢案”是否正义，税款是不是他们该缴纳的，而是关注于这件事能够带来多少利益。因此从最早的绩溪县的申诉开始，到后面无数次的斗法，都是在费尽心思以合适的价码摆平这个案子，以使这件事回到稳定的状态。为什么人们对于稳定的追求会远远大于对于正义或公平的追求？正是由于这种复杂性，这部剧中大多数人都表现得非常犹豫，行动总是瞻前顾后。他们中的许多人并非不知道正义是什么，只是根本不会从正义的角度去看待这个问题。这个问题最后根本没有办法解决，因为正义的道路不可行，利益的分配又不可能，只能跳到局外，做到所谓的“均平”。而在这所谓的“均平”中，我们同样很难发现正义的影子，这种方式看似是解决了问题，实则消解了丝绢案问题本身。从本质上看，最终的处理方式与暗杀帅嘉谟是一致的。针对这样的情形，我们不禁要问：剧中的正义是显而易见的，但是为什么实际运作的时候总会困难重重？现代化程度的加深是否有助于一种以正义为核心的法治真正进入乡村？

自由阐述

边尚泽：丝绢案体现了乡村在法治和正义问题中的能动性，也展现了无论权力大小有多么不对等，正义永远是社会规则的基础支撑与不可逾越的底线。一方面，乡村不仅是政府实行某种法治模式的被管理方，同时也可以成为法治现象的监督者和问题的发现者。丝绢案的起因正是一个并无官籍的村民发现了税收数字的不正确，从而开启了整个案件。虽然后续几经波折才最终扭转了问题，但事情的起因和整体的推动者，从根本上说无疑是乡村的力量。乡村的成员如果发现自身所遭遇的现实情况违反了法律条例，那么可以依靠自身的力量寻本溯源，并证明自身所承担的税款不合理，同时要求税收制度的更正和改变。这说明了乡村不仅是正义问题的被动发生地，也是使正义问题得到解决的有效力量。另一方面，虽然存在着乡村和政府之间极大的权力不对等，但是事件最终依然以“合理”的一方或者说“正义”的一方达成自身的诉求而结束。这就体现了国家对乡村的税收制度并不是一种基于权力大小的、较强者对较弱者的剥削，而是以一种正义观念为基础所塑造的政治机制。也正因如此，在力量上无比弱小的乡村势力，才有可能在与政府高层的斗争中获得胜利并最终满足自身诉求。正是因为古代对乡村的税收制度本身是一种正义制度而非权力制度，所以乡村才有在这一法治制度之中体现自身能动性的可能，也正是乡村的这份能动性，最终维护了税收制度本身的正义性。因此，我认为在这一事件中，乡村力量在正义问题中的能动性和乡村自身所承担的法治制度本身的正义性，两者一定程度上互为因果，密不可分。

沈洁：如何在现代社会中探索乡村共同体的重建？对于村民而言，村庄不仅是生产活动与生活的地理空间，更是具有血缘的、乡土文化上的情感共同体，因而乡村共同体具有经济理性和道义情感两种属性，两者共存于村庄内部，相互嵌合发挥作用。目前乡村共同体的现实困境有经济基础衰落、道义情感基础松动、治理和组织基础式微。传统乡村将土地作为重要的利益来源，以农业为基础的经济生产方式形成了以村落为边界的不同类型的利益共同体。村民参与生产生活中的专业分工、生产合作与利益共享等，形成和维持了经济利益基础，巩固了乡村共同体形式。在现代化进程中，国家依托土地推进乡村现代化的规划，实现了土地综合整治和集中流转，人口和土地被卷入市场经济；多元文化和价值观的传入让“熟人社会”的乡村遭受共识观念、行为习惯的消解；传统乡村的行政地域空间或被扩展或被缩小，经济和社会空间边界被模糊。这些冲击着传统乡村共同体。我们必须探究乡村经济发展的新出路、道义情感共识的新观念、村民自治的新方法，重构乡村共同体并不是重返乡村，而是在现代社会生活中，重新定义乡村及乡村共同体的内涵，以满足人民对美好生活的向往——现代人内心渴望和需要的一种紧密的地域生活共同体。

陈佳庆：祖宗之法不可变，这是皇帝都无能为力的事实，何况是下面的臣子百姓，歙县的人丁丝绢税已经征缴了两百多年，早已变成了根深蒂固的礼法秩序的一部分，任何想要强行改变现状的人，都会遭到反对，宗法伦常是封建政权的合法性来源，也是社会稳定的保障。因此我们发现，古代中国追求的从来不是所谓正义的状态，而是天下大同，是和谐状态，这可以追溯到先秦时期阴阳和合的宇宙论思想。乡村的伦理现状某种程度上是这种传统价值观的延续，我们至今还能在很多乡村里看到以习俗为规范行动的现象。比起代表正义的法律，村民更愿意按照那些祖辈流传下来的规矩行事，按照人情关系行事，因为这样能带来和谐的乡村生活和邻里关系，而如果有人执意诉诸法律来解决邻里矛盾的话，很可能会被看作一种异类，被排除在这种传统的伦理共同体之外，虽然诉诸法律本身在现代社会中是再正确不过的事情。因此在当代中国如何送法下乡的问题，其本质在于如何解决一种中国传统价值观和现代西方价值观之间的矛盾，前者倡导和谐，而后者崇尚正义并被看作一种进入现代的价值观象征。我想在此我们所要争论的不是和谐和正义孰优孰劣，或者说中国和西方两种文明孰优孰劣，因为我们没有选择的权利，中国的现代化进程已经成为不可逆转的事实，在可预期的未来，这种社会的改变仍然会继续。这意味着我们不得不接受一种正义的价值观，不得不接受法律的规约，乡村也不例外。因此我们急需思考和解决的是，该如何在和谐和正义之间找到某种平衡，来缓解两种价值观之间的矛盾，保证中国式的现代化能顺利实现。

张萌：正义的实际运作、社会中正义的实现需要具备很多因素，无论是剧中的主角还是现实生活中的人都只是正义实现所需的一个因素。由此我联想到了《大明王朝》中的“改稻为桑”这一事件，它与丝绢案相似，政策制度的践行得到了很多人的支持，而这种支持的前提是维护自己的利益：官员是为了把官继续做下去，统治机关是为了增加财政收入以保证政权的稳定……类似事件的本质是人们的出发点在于保障自己的利益，而非践行正义。因此各个层面都会出现一些乱象，甚至带有一些荒唐色彩，让人无法下手治理。对于“礼”“法”兼具的中国乡村而言，要想解决现代化进程中“礼”与“法”的矛盾，村庄个人和共同体就必然应当和需要践行正义。但现代化不是只有一种形式，崇尚正义和法律不是现代化的唯一标志，尤其对于具有乡土特色的中国乡村不能以一种标准要求。因此，对于正义的诉求，不应是一种外部强加于村庄的观念，而应该是内嵌于“礼”“法”、与之共同发挥作用的乡村共同体的价值判断。无论是村庄中的个人还是村庄共同体，只有基于这种价值判断，面对矛盾、处理问题的时候才会形成对于“礼”与“法”的尊重，并在其中找到平衡点。中国乡村的现代化发展，是一种基于乡土特色面向和谐稳定的发展，也必然是在此基础上践行公平正义的发展。

王璐：我看的是电视剧版的《显微镜下的大明之丝绢案》，剧中男主角在追查仁华县多交的人丁丝绢税的根源的过程中，发现各县在土地丈量上都存在问题，乡绅的土地在暗箱操作下被少量了，而普通乡民的土地则被多量了。后来通过重新丈量各县土地，得到了农民和乡绅真实的土地田亩数据，进而重新划分各县应均摊的人丁丝绢税，最终实现了正义。其实最后其他七个县多交的税是由乡绅交的，这解决了其余每个县再多交一分税，就会导致乡民破产的困境。在这个过程中，乡绅扮演了重要的角色，他们确实泽被乡民，作出了诸多贡献，是最受村民敬重的人，也是地方官员最为忌惮的人。但是他们也在背地里放高利贷、低价兼并田亩，成为欺骗和伤害乡民最深的人。在今天的乡村，这样的乡贤仍然存在。因此我在想，现在法治乡村社会的推行，也许恰恰可以对乡贤起到制约作用。

今天主讲人从中国与西方的文化差异出发，指出西方人追求正义而中国人追求和谐。从剧中讼师多次提到常理、人情、正气、公心也可以看出，在中国人的价值排序中，常理也就是和谐是排在第一位的。从这一点出发，我认为，今天法治在乡村的推行，要考虑中国乡村的传统和现实情况，对正义的追求始终要与农民的真实感受和美好生活的实现联系在一起。

吕雯瑜：在乡土的社会里，他们更看重通过血缘姻亲等建立起来的宗法家族关系。在这种关系里，行为规范自然也就不一样。这些乡村社会的行为规范就演绎出“正义”来。于是，在乡村社会中，一旦村民之间发生矛盾纠纷，他们首先想到的不是拿起法律的武器，而是考虑对方与自己的关系，并根据这种关系的属性行事。同时，周围的人也根据这种“正义观”来作出评判。“都是乡里乡亲的”这样的话，不仅仅是周围人说出来的，更是当事人得考虑的。也正因为大家是乡亲，以后抬头不见低头还得见，所以行事的时候要做到“合情合理”。这种情理被认为充分体现了乡村生活中的正义。可见，在乡村社会中，情理高于法理。乡村社会法治难行的另外一个重要原因是司法成本高。目前在我国乡村还存在着法律资源匮乏的现实。这种匮乏表现在两个方面：其一，村民普遍法律知识相对匮乏；其二，乡村法律人才匮乏。这种法律资源不足的情况让村民在发生纠纷矛盾之后即使想提起诉讼，也没有门路，不知道如何是好。尽管乡村现在已经发生了很大的变化，但依然要按乡村的逻辑办事。许多执法人员是当地人，乡里乡亲的，牵绊的关系比较多，抹不开面子。这些问题导致农民只是法律的他者，他们以自己的方式被迫应付法律、逃避法律，甚至对抗法律。

岳玲玲：丝绢案征税这件事如果出现在现代社会的话，虽然也是一个很难解决的事情，但是我觉得最终结果会比当时好很多，或者是这笔税能够从其余五县中征收上来。不仅仅是因为现在法律的强制性，而且结合整个环境来说，经济水平的提高、人们收入的增加、法治观念的增强等因素都会对这件事情产生影响。因此我觉得现代化程度的加深有利于法治真正进入乡村。一是随着现代化程度加深，人们不再局限于从土地中获得收入，人口流动也使人们的生活范围扩大，不再局限于乡村。人们不再仅仅依据传统乡村的道德规范、礼法约束去规范自己的行为，市场经济对人们的观念产生了冲击，人们受新的思潮和法治观念影响，会更倾向于遵守现代的法律制度。二是在市场经济条件下，没有办法完全依靠礼治秩序处理各类事务。市场经济的发展会增加乡土社会对于法律的需求。市场经济发展所要求的公平竞争、等价交换等原则需要一系列法律制度予以保护。同时，在市场经济的环境中，人们的权利意识、守法的观念等也会逐步形成，这也有利于法治真正进入乡村。

孔凡：我认为这里不涉及正义的问题，因为在我看来，减税本身不是正义，它只是一种手段，同样，各个县之间的利益争斗也不是正义。通过减税的方式让百姓过上一种好生活，才是正义的体现。我感觉在这个问题里，其实有一种预设的冲突，认为有一种正义是作为理想状态而存在的，因为它本身有一种相对于现实的超越性，所以当它落入现实，就会发生冲突。更具体地看，这个问题的前后两部分已经隐含了一种不对等：前半部分免赋税的正义是对于老百姓来说的，但是后半部分所谓正义运作的实际困难是对于政府和官员这个层面来说的。这种不对称自然就会引发冲突，一方面是正义的理想状态和实际运行之间的冲突，另一方面是百姓和官员之间的冲突。

首先来看第一个方面，这里实际上要追问的是：正义是什么？正义是否存在一种理想状态以至于其很难和现实相融？这里涉及正义和利益的关系，如果认为正义就是不同利益主体之间的分配，那么一个绝对的、理想的、正义的观念其实已经无关紧要了，因为我们只需要在不同利益主体之间寻求甚至不是一个最优解，而是一个最令人满意的解决方案。其次，来看第二个方面的冲突。在这里，需要回到故事中去考察这个冲突的形成。帅嘉谟作为一个数学天才，他只是通过计算发现了一处错误，这里隐含两层含义：一是税收上的这种分配是一个错误，二是这种错误需要被纠正。然后他开始了漫长的诉讼之路。在这里我更感兴趣的其实是这样一个问题：朴素的正义的诉求为什么无法通过一种政治合理的途径得到解决，甚至在这里政府的制度、运作方式已经变成了正义的阻碍，如果我们出于正义建立了政治共同体，那么这种政治共同体为什么又无法保障正义了？

主讲人 深入剖析

谢谢大家的讨论，听完我也是受益颇多。我想从一个切入点进行阐述——正义是否重要？很多同学刚才都已经讲了，我们在考虑到利益尤其是某种切身利益或者生存利益的时候，正义没有那么重要。丝绢案中，如果真的依照正义划分税收，势必会导致非歙县农户的负担加重甚至破产。生存都没法保障了，自然很难说正义有什么意义。这似乎构成了各位的一个基本观点，甚至我们在传统典籍中也可以发现类似的观念，《孟子·梁惠王上》中说：

"王！何必曰利？亦有仁义而已矣。王曰：'何以利吾国？'大夫曰：'何以利吾家？'士庶人曰：'何以利吾身？'上下交征利而国危矣。万乘之国，弑其君者，必千乘之家；千乘之国，弑其君者，必百乘之家。万取千焉，千取百焉，不为不多矣。苟为后义而先利，不夺不餍。未有仁而遗其亲者也，未有义而后其君者也。王亦曰仁义而已矣，何必曰利？"①

孟子讨论了两种不同的价值，一是"公益"，一是"私利"，他认为二者的结构是对立的，人们应当努力避免私利并且去促进公益。值得注意的是，这里的公益并非正义，因为公益仍然是指向每一个成员的，而正义未必，正义很特殊，它是可以用数学计算的，追求的仅仅是恰如其分。这种正义观念的缺失构成了中西文明的一个分野。在公共利益能够被满足的情况下，中国的传统观念似乎不会那么在意正义是否存在。而在西方社会则不然，早在古希腊时期人们就有了关于自然法的讨论，自然法被看作"法律与道德之间的交叉点"。西方的哲人认为私利和公益并不一定是对立关系，而是存在一个交叉点，这个交叉点就是正义，正义的存在可以同时满足私利与公益。换言之，正义是有关这个世界的理想模型，它告诉人们世界的完满状态是怎样的，因为它是理想的，所以不能来自任何人的私人情感。因此正义包含着三个要素，首先它是普遍的、不以人的意志为转移的，就像数学；其次，它要高于一切人间的道德与法律，这也是中西方的分歧点，儒家思想认

① 杨伯峻译注：《孟子译注》，北京：中华书局2016年版，第2页。

为即使真的存在生活世界之外的价值，也是不重要的；最后，正义可以通过人类的理性被发现，这是西方特有的一个观点。这种正义观念很大程度上来源于柏拉图“理念”和“现象”的二分。柏拉图认为我们所处的这个世界是现象界，一切是可腐朽的、可变的，一切是我们几乎无从把握的，但是在现象界之外有一个永恒的、不变的、不朽的世界，这个世界代表绝对的正义，它和任何人的利益、任何人的感情、任何群体的公共利益都不相干。

如果让西方的哲人遇见丝绢案，那么他们可能并不会关注最终事件的稳定，而是坚持帅嘉谟的演算结果，即使有人会因此而不幸。因为在他们看来，现实世界的状态并不重要，理念世界才是唯一的真实。这种正义观直接影响了西方当代法律制度乃至社会的基本政治结构，甚至科学进步都与之有关。然而中国并非如此，这是我希望与各位分享的地方。在本体论上，中国古代的宇宙论或是自然观并不认为存在另一个独立于现实世界的理念世界，宇宙万物的和谐并非由于理念世界的权威命令，而是源于这样的一个事实：世界本身就是世界自身的原因。万事万物服从的并非外在的东西，而是各自的本性。虽然古代哲人谈论礼法，但从未想过礼法来自上帝，而是认为礼法源于“本心”。因为世界本身就构成了这个世界最好的样子，所以中国哲人一直在强调“调和乃至和谐”的作用。

在对恶的理解上也可以看出这种差别。在苏格拉底看来，恶并不存在，它仅仅是“善的缺乏”，因为没有理解理念世界的善、不知道什么是善，所以才会为恶。中国古代的哲人则认为恶是存在的，但它可以转化为善，“失调”为恶，调整至和谐就是善了。在我看来，这才是《显微镜下的大明之丝绢案》中看不到正义影子的原因，并不是说古人观念落后，不理解正义，因此出于私利行事，而是正义这一观念在古代中国就不存在。如果我们以和谐为最高追求，那怪异的确实是帅嘉谟而非其他人，因为他站在了生活世界之外的视角审视丝绢税问题。包括今天的很多问题都是这样的思路，最后追求的并非正义而是人心的和谐圆融，我认为它的根源是中国古代的这种理念。

这里就回答了第一个问题——为何正义在中国古代并不重要。剩余的一个问题是，中国古代的礼法冲突该如何理解？它同西方哲学中理念（自然法）与现实（风俗伦理法）的对立是什么关系？我们可以看到，中国古代的法和礼与西方不同，甚至可以说古代中国“无法”，起到规范作用的只有礼。古代法往往是否定性的，即“不允许如何”，而不会阐述一个人可以做什么，因为在古人看来这是礼的作用。法仅仅是礼仪道德的保护机制。只有在立法教化失败的极端时刻，法律才需要发挥作用。因此法的作用是惩戒性的，如《说文解字》所言，“灋，刑也”①，“灋”同“法”。这也解释了为何直至今日人们都羞于打官司，因为法律出现时恰恰意味着有关个人的道德教化彻底失败了。人们不需要一个外在的权威去教导人们有关生活的知识，发自内心的礼足以承担这一任务了。礼规定了一个人要做什么、要为他人做什么。这一切都是与权利无关的，甚至不能用权利来表达。当一个人真诚地认同了礼仪教化时，他也完成了私利与公益的和谐。在西方思想中，私利与公益的和谐来自可以测量的第三支点——正义，而在中国则来源于个人对内心的发掘。因此在中国古代，礼与法的对立实际上表达的是礼对于法的统摄而不是两者的对抗，礼深入于法，而法又融于礼之中，二者从来都不是对立的，这是我对这一问题的回答。

现在我们考察一下西方哲学传统中自然法与实证法的对立。与中国不同，这里的对立确实是“对抗”的含义，比如古希腊悲剧《安提戈涅》就表达了这种冲突。这种对立的关系也意味着公益与私利的截然分明，意味着公共生活与个人生活的区别，意味着每个个体的一个不可逾越的界限。如英国首相威廉·皮特（William Pitt）在国会演讲中所言，“风能进，雨能进，国

① 〔汉〕许慎撰，〔宋〕徐铉等校：《说文解字》，上海：上海古籍出版社2007年版，第483页。

王不能进”。这句话在我们看来是奇怪的，因为在中国古代社会并不存在绝对的私人关系或是不可侵犯的私人领域，恰恰相反，一切私人关系都被公共化了，唯有理解了这种正义观念才能理解它的含义。也正是由于不存在绝对性的私人领域，故而一旦涉及私利问题时人们不会求助于法，而是通过礼俗、通过伦理去调节。基于这样一种世界观，以正义为基础的法律在中国古代是不必要的，法最终追求的是“使民不争”。因此我们可以看到在丝绢案中所有人都在为自己的利益提出要求，但私利一定要通过公共利益的转化才能表达出来。就像我们在丝绢案中反复看到的，每一方势力都在极力表明自己的诉求符合公共利益。比如五县之一的绩溪县，它对丝绢税的抵抗完全是出于绩溪的贫困，却在申诉中丝毫不提自身，而是说自己是为了“防止激起民变”这一公共利益才如是申诉。这是很吸引我的地方，在中国古代，一切事务都变成了公共事务，或者说一切的话语都必须要以公共的话语来表达才有意义。法律不是为了维护正义，而是为了辅助道德教化，最终达到“无讼”的结局。就像剧中反映的那样，官员从未想过计算的问题，而是想着消灭争端，如这段台词所说：“现在这不是你寻找真相的地方，这是阴阳调和之所在啊，阴阳调和就是大家都满意，大家又都不满意。最后都觉得，只能是这样了，这就是妥协之道啊。这关乎着利益，所以注定你的努力是没有什么意义的。”

这是我们作为现代人看待古代社会必须注意的一个方面，经过20世纪的洗礼，几乎所有古代文明都或多或少接受了西方理念，也因此导致了与自身传统的断裂。但这种断裂是存在问题的，它很容易让我们误以为一些现代价值是人类普遍适用的，甚至用现代价值的单一视角去审视所有文化现象，最终得到一些不伦不类的怪物。正义就是一个很典型的观念，通过我们的分析可以看到，它绝不是普遍化的所有人类的基础观念，而是基于西方文明的特殊价值。如果这种区分是可以接受的，那么对于今天的很多社会问题，我们就能够提出一种有别于正义的处理方式作为参考。比如当今时常发生的兄弟、夫妻、子女争家产问题，这当然是一个正义问题，但我们又时常会发现，通过正义来解决这些问题是失败的，它处理了纷争，却彻底让人们断绝了往来。如果将视野放到古代，如果我们追求的是和谐呢？在清朝就出现过一起类似的案件——一对兄弟在争家产，争得大打出手以至于闹到了县令那里。县令想出了一个特殊的判决方法，他令兄弟相呼，哥哥和弟弟互相喊，喊了不到五十声两个人都开始哭了，然后两个人都感到了羞愧，也都愿意作出让步。这是很有趣的一种处理方式，它并不可笑，也不落后。我们不是说因为有这种传统观念就抛弃正义观念，而是说开阔人们的视野，用一种相对多元的方案解决现代社会的许多问题。

由此我想到的是当今我们经常讨论的“送法下乡”问题，很多人将其简单归结为中国古代“礼”与“法”冲突的重演，但实际上应当理解为“传统礼治秩序”对“现代法治秩序”的激烈抵抗。现代法治秩序并不是由于乡村居民的思想落后而无法生根，而是因为乡村社会的本体论压根就没有支持现代法治生长的土壤。如果现代法治如此重要，那我们必须能够回答能否在乡村社会找到与之嫁接的办法，或者说能否在不激烈改变中国传统本体论的条件下，找到容纳现代法治秩序的解决方案。可以看到，现在对于送法下乡的处理思路大多是德法兼顾，但在我看来这一思路是存在偏离的，因为冲突压根不是在儒家礼制与法家之间发生，不是用道德好还是法律好的问题。儒法分歧是表面性的，儒家务德，指的是重内心而轻强制；法家务法，指的是重强制而轻内心。儒与法的辩论之所以可能，恰恰是因为它们有一个潜在的共同基础——社会和谐，而这一切都是与正义无关的。

当然，对于这个问题究竟该如何实践，我也没有想到什么新的思路，但在文本阅读的过程也获得了一些启示。阎云翔先生在《私人生活的变革》一书中表达了相同的困惑，他认为正义进入乡村必不可少，近代中国的革命就表达了这样一种努力，但这种努力是不够的，因为近代革命仅仅是解放了个体，而并没有、也不可能将个体主义深入人心。革命者们认为将个体从“祖荫”中解放出来就能够塑造出独立、自主、自由的个人，并且实现富国强兵。然而阎先生通过田野调查发现，实际发生的情况是走出祖荫的个人并没有获得自主。恰恰相反，一种完整的个体主义没有诞生，失去“祖荫”的人表现出一种极端功利化的自我中心取向，在一味伸张权利的同时却拒绝履行义务，如普遍存在的农村养老问题正是源于此。①

具体来说，现代中国对正义观念的接受与西方完全不同，为此阎先生列举了三处区别：第一，中国模式中的脱嵌主要表现为政治领域的解放，个人努力要实现的并非个体解放，这同西方个体与彼岸世界的直接联系不同，中国社会个人解放的目的在于提升物质生活水平；第二，西方个体化进程中并不重要的社会流动性，却在中国个体化进程中大放异彩；第三，近代革命确实打破了“祖荫”的神圣秩序，却并没有打破“寻找秩序定义自己”的思维模式，中国人并没有自己去定义自己这样一种理念。当生活受挫时，中国的个体为了寻求一个新的安全网，往往会选择再嵌入家庭或私人关系网络中寻求保障，回到脱嵌伊始的地方，因为并不存在“上帝”这样一个保障灵魂安宁的角色。基于这些区别，中国诞生了一种别样的个体主义与正义观念。

以此再来审视乡村社会的德法冲突，我认为冲突发生的根源在于道德视角的差异——道德到底是从内部看待还是从外部看待？乡村社会的法治秩序之所以相对城市而言步履维艰，恰恰是因为传统本体论总是“置身事内”的，中国人只有一个世界。因此，如何在中国的内部关系中找到普遍化的、能与西方正义观念吻合的因素才是应当努力的方向。可以确信的是，伴随着中国式现代化程度的加深，无论是传统乡村秩序还是现代法治秩序，在被乡

① 参见阎云翔：《私人生活的变革：一个中国村庄里的爱情、家庭与亲密关系：1949—1999》，龚小夏译，上海：上海书店出版社2006年版，中文版自序第5页。

村社会接纳的过程中都不可能毫无损失。但是很遗憾的是，想到这里我也就想不到更多内容了，这正是我想跟大家分享的内容。

评议人 总结点评

我觉得金磊不仅给大家提供了作为问题展开的工作坊的讨论方式，而且也展现了一种他对于哲学、伦理学学习的方法。金磊在博士学习期间，一开始打算做关于乡村伦理的研究，但后来选择了西方伦理的研究方向。原因在于，他觉得自己关于乡村伦理研究的理论准备不足，但现在他又选择了这一方向，我特别赞成这样的学术路向。现实问题的探讨需要更加充分的理论准备，需要理解和掌握很多理论资源，需要具备更强的理论驾驭能力和现实分析能力。马克思说："哲学家们只是用不同的方式解释世界，问题在于改变世界。"①我经常反过来理解这句话，如果连解释世界的理论工具都没有掌握，又如何去改变世界呢？一个理论者要改变世界的话，那首先要能够掌握理论工具以解释世界。从这点上来说，我十分鼓励这样的一种学术路向，即做了大量的理论准备后再面对和思考今天的一些现实问题。

今天讨论的主题来源于《显微镜下的大明之丝绢案》这部热播剧，该剧体现了传统和现代的叙事方式的结合，剧情融入了很多现代人的思考方式。第一，主人公帅嘉谟被塑造成了一个很轴、"脑子有点问题"的人物，这样的形象在现代社会是被人们喜欢和包容的。"算呆子"意味着他在某一方面展示了他的天才能力，正因如此，他才认死理、性格轴。第二，该剧在传统讼棍身上加了很多不属于其的"浩然正气"。在传统社会，讼棍是不受欢迎

---

① 《马克思恩格斯文集》第1卷，中共中央马克思恩格斯列宁斯大林著作编译局编译，北京：人民出版社2009年版，第502页。

的，往往表现为挑拨离间、谁给钱多就为谁说话的形象，但该剧用一定情节向我们展示了讼棍身上的正义感。这样的改编使得这一电视剧成为一部反腐剧，展现了人们对正义问题的关注，契合现代人的价值取向。它采用现代叙事逻辑讲述传统故事，表现了传统与现代的张力。大家在讨论中反复提及“常理人情，正气公心”这一剧中台词，传统乡村社会的核心价值用“常理人情，正气公心”这八个字来总结的话，其实就是告诉我们传统乡村社会的核心价值是有排序的，常理是第一位的。在乡村社会，大家如果都认为某件事情正常，那它就叫作常理。但这并不是说在乡村社会当中常理跟它表达的内容没有关系，正是因为有了常理，才有在该常理之下的人情，也就是说符合该常理意味着合乎人情，不符合该常理便不合乎人情。比如在《秋菊打官司》中，村长不会因为秋菊得罪了他就不帮助秋菊，村长和村民都认为送秋菊去医院是天经地义的。在这个事件中，人情是合乎村里人认同的人情，不是刻意的人情，符合人情和常理在村民们看来就是正气，其中正气和公心都是维护常理和人情的某种手段。在中国传统社会中，为什么常理能够成为第一位的核心价值？我们特别要注意这个“常”字，在封闭、稳定的传统社会，正因为“常”所以才能“长”，也就是说传统社会的常理可以长久存在。但在开放、变化的现代社会，“常”就不容易“长”了。当“常”不存在的时候，很多原来的所谓常理和人情都会受到冲击，因为人情只有在熟人社会中才会产生，人情关系不可能存在于完全不认识的人之间。但是我们也要看到常理和人情受到冲击的同时出现的新的常理人情的转换。我经常在田野调查中发现，乡村社会永远会有新的常理人情不断出现，这些常理人情有时候会成为解决乡村社会矛盾冲突的有效手段。比如我在苏南的某个富裕村庄进行调研的时候发现，妇女主任就是凭借“面子”将计划生育政策执行得很好。她以前在村里帮了大家很多忙，谁家有事她都去帮忙，所以在执行计划生育的时候她不停上门劝说，大家为了不让她为难给她“面子”选择了不超生。这是不可思议的，但确实是真实的情况。我们可以看到，人情在一个现代经济非常发达的乡村社会依然发挥着不可想象的作用，在传统道德逻辑已然受到现代经济逻辑冲击的当下，常理依然存在且发挥重要作用。但在乡土社会中的这种道德逻辑并不十分坚固，同样在调研中我也发现一些村民会想方设法将我们带去的不值钱的小礼品带走。因此，我觉得我们没有办法以一种同一化的方式看待中国乡村，包括我们现在所说的中国乡村的现代化，中国式现代化在乡村中应该有更加丰富且鲜活的表达。不仅不同区域的村庄，而且每一个不同的村庄，甚至每一个小的群体都呈现了传统和现代交融后的乡村现代化进程中的丰富面貌。但是这不意味着我们无法对之进行总结，所以我经常讲，也许我们还没有办法对中国乡村现代化的进程尤其是其中的道德途径作完整陈述的原因是，我们还没能够得到更多的样本和更多的典型村庄，当你看到的永远只是少部分的时候便没有办法作出立体的呈现。这也是我选择和地理科学合作的原因，地理信息系统技术能够将我们在田野调查中获得的数据以更直接和清晰的方式呈现出来，我们可以更直观地看到中国不同区域的乡村道德图景。同样，在没有对足够多的村庄样本进行研究之前，我们也很难说“农民的好生活是什么”“中国的好乡村是什么样子的”，所以我们接触更多的农民样本，目标不是找到这些问题的标准答案，而是寻找农民的智慧给我们以启迪。我们今天讨论的主题也是如此，尽管我们目前难以构建乡村正义和秩序的完整体系，但讨论这样的问题对于我们通向一个更加美好的乡村、乡村生活，乃至农民的美好生活都是非常有意义和价值的。

第三期　面向人工智能体开放的伦理学*

主讲人：李志祥

主持人/评议人：王露璐

与谈人：吕雯瑜、张萌、沈洁、陈佳庆、潘逸、张晨、张伟皓、边尚泽、邹家琪、赵子涵

案例引入

“电车难题”（Trolley Problem）是伦理学领域的知名思想实验之一。随着无人驾驶技术的不断发展、人工智能的应用越来越广泛，我们可以畅想无人驾驶版电车难题：在紧急情况下，无人驾驶的人工智能系统如何取舍不同的碰撞目标？情景一：一边是山涧，一边是路人，人工智能系统怎么选？情景二：一边是1个胖子，另一边是5个瘦子，非撞不可，人工智能系统选谁？人工智能系统在设计时无法回避这个著名的“扳道岔”道德困境问题。同时由于电车难题的特性，无论何种选择都会产生道德伤害，那么道德伤害的责任归属如何划分？

从案例中可引出两点：第一，人工智能体具有一定的自主行为能力，即脱离人类控制的、独立的自主行为能力；第二，人工智能体的自主行为可能遭遇一定的道德困境，并且可能导致一定的道德伤害或损害。人工智能体的自主行为可能导致一定的道德后果，这意味着我们需要对人工智能体的行为进行一定的伦理考量和规约；而人工智能体行为具有一定的自主性，这意味

* 本文由南京师范大学公共管理学院硕士生边尚泽根据录音整理并经主讲人李志祥审定。

着我们的伦理考量既不同于对物的伦理考量，也不同于对人的伦理考量。如果说传统的伦理学理论能够解释物和人的伦理问题，但无法解释人工智能体自主行为引发的伦理问题，那么，这是否意味着，我们需要建立一种新的人工智能伦理学，去解释传统伦理学无法解释的人工智能体自主行为？如果需要建立这样一种专门针对人工智能体自主行为的伦理学，那么这样一种人工智能伦理学，应该是一种什么样的伦理学？

主讲人 深入剖析

问题之一：人工智能伦理应该立足于现实科技还是未来科技？

人工智能体首先是一种科技产品，这种产品的能力，与人工智能体自身的科技水平息息相关。这就意味着：我们要建立的人工智能伦理，也与人工智能体的科技水平息息相关。现在的问题是：我们的人工智能伦理，到底应该立足于现实的人工智能科技，还是未来的人工智能科技？

这个问题的特殊意义在于：科技不同于其他事物，根据摩尔定律和莫拉维克（Hans Moravec）、库兹韦尔（Ray Kurzweil）等技术加速主义者的说明，科学技术的发展是呈指数级速度增长的。科技伦理必然以科技为基础，而科技本身是加速发展的，那么，科技伦理究竟应该立足于何时的科技？如果以现实的科技为基础，那么当我们探索出与之相应的伦理规范时，科技本身已经向前发展了，刚刚探索出来的伦理规范就已经过时了，难以适应新的科技情况。这就是较早的网络伦理学家所说的“立法总是落后于科技发展”。如果以未来的科技为基础，未来的科技到底能发展到什么高度，并不是可精确预测的，而是充满了主观想象色彩。以带有想象色彩的未来科技为基础，所得出的科技规范是否具有实效性，这又变成了一个问题。

在这个问题上，目前存在三种思路：第一条思路可以称为未来主义思路，代表人物是一些狂热的未来主义分子（如莫拉维克、库兹韦尔和赫拉利［Yuval Noah Harari］等）和科幻小说家（如阿西莫夫［Isaac Asimov］、克拉克［Arthur Charles Clarke］等），在他们的眼里，人工智能必然会发展出超级智能，成为宇宙的主人。第二条思路可以称为实际主义思路，代表人物是现实用户，他们以现实生活中已经制造出来的、他们能够接触到的人工智能产品为对象。比如说，目前学界对ChatGPT 3.5版本的嘲讽与戏弄，就是这种想法。第三条思路可以称为现实主义思路，代表人物是瓦拉赫（Wendell Wallach）、查夫斯塔（Spyros G. Tzafestas）、韦弗（John Frank Weaver）等，他们强调以已经实现和可预期实现的人工智能为对象。“已经实现”是人工智能已经解决了的，“可预期实现”是人工智能现在还没有解决但将来能够解决的。如果以自主能力为标准，未来主义者侧重于具有完全自主能力的人工智能，实际主义者侧重于具有弱自主能力的人工智能，而现实主义者侧重于半自主能力的人工智能。我更倾向于现实主义思路，认为科技伦理应该立足于已经实现和可预期实现的未来科技。

问题之二：机器人伦理学应该是机器的伦理学还是人的伦理学？

以人工智能自主行为可能引发的伦理问题为对象，我们要建构一种人工智能伦理学，或者叫机器人伦理学。“机器人”与“人工智能”有一定的区别：人工智能仅仅是一种智力系统，而机器人则是智力系统和行动系统的统一。因此，这种伦理学应该叫“人工智能体伦理学”或“机器人伦理学”。现在的问题是：由人工智能引发的机器人伦理学，究竟应该是机器的伦理学还是人的伦理学？

有人认为机器人伦理学应该是人的伦理学，因为机器人在本质上是一种产品，是人在制造机器人；机器人又是一种物品，是人在使用机器人。作为一种人造物，机器人的一切都是人给的，机器人的自主性在本质上也是人给的。正如 ChatGPT 一样，它之所以能够生成各种文本，是因为人类提供了大量的数据。从这个意义上说，机器人引发的一切伦理问题，从表面上看是机器引发的，从本质上看是机器背后的人引发的。机器背后的人主要包括三种：设计者、制造者和使用者，有人认为还包括销售者。这种思想目前是主流，阿西莫夫其实就属于这种，希腊的查夫斯塔、中国的北京大学人工智能小组，都是如此。很显然，这是一种传统伦理学的思路，其前提是伦理学只是人的伦理学，机器人在本质上只是机器，不是人，只有人才能引发伦理问题，机器本身无法引发伦理问题，所以不需要机器人专用的伦理学。

也有人认为机器人伦理学不应该只是人的伦理学，也应该是机器的伦理学。在他们看来，人的伦理学只看到了机器人的产品性，却忽视了机器人的自主性。人与机器人的关系有点类似于上帝与人的关系：上帝创造了人，赋予人自由意志；人创造了机器人，也赋予机器人自主行动能力。正是这个自主行动能力，使得机器人有可能成为一个行为主体，能够在一定意义上独自承担道德责任。也就是说，如果机器人造成了一定的道德损失，当机器人背后的人都分别承担了各自应该承担的责任之后，还剩下一部分责任无人承担，那么这些责任就应当分配给机器人。就像我们在一开始提出的两个案例一样，一个是意外，一个是失控，无人驾驶系统是否需要承担道德责任？这种观点在伦理学界并未占据主流，最有代表性的就是瓦拉赫和他的《道德机器》(*Moral Machines*)，但这种观点在机器人法学领域的地位日益上升，韦弗在《机器人是人吗？》(*Robots are People Too*) 中就要求确立机器人的有限法人资格。

相比较而言，我更倾向于第二种观点。人工智能尽管是一种人造物，但它与其他的人造物不同，它具有一部分人类的智能，能够做出一定自主行为，人工智能独有的智能和自主性必须引起我们足够的重视，它可以为机器人赢得特定的道德地位。我们不应该把机器人犯的罪都归咎于机器背后的人，否则，机器人的自主行动能力有何意义？这就是说，我们一方面应当保留传统的人的伦理学，追究机器人伦理问题背后的人的问题，另一方面也应当开发新的机器的伦理学，让机器人自身承担相应的道德责任。

问题之三：机器人是否应该享有道德权利？

无论在伦理学中还是在法学中，权利与义务都是完全对等的，即当我们设定了一种权利，那么必然要设定与这种权利相对应的义务，否则这种权利就无法得以实现。但是，权利与义务并不同时属于同一个主体，而是分别属于不同的主体。这样一来，就可能存在这样一种情况：一个存在物可能只享有权利而不承担义务，而另一个存在物则只承担义务而不享有权利。我们可以考虑一下父母与未成年子女的关系，还可以考虑一下人类与动物的关系。如果权利与义务可以分开的话，那么我们可以先讨论一个简单的问题：机器人是否应该享有道德权利？反过来说就是，人类是否应该给予机器人道德关怀？

要回答这个问题，我们可以先回顾一下道德关怀的发展史。人类的道德关怀，经历了一个不断发展的漫长历程。在古希腊时期，道德关怀的依据是理性能力，拥有完全理性能力的成年男性（即公民）享有完全的道德关怀资格，拥有部分理性能力的妇女和儿童只享有部分的道德关怀资格，不拥有任何理性能力的奴隶、动物以及其他存在物，则不享有任何道德关怀资格。这种道德关怀理念后来沿着两条线路发展：一条线是随着对理性能力的认识发展而变化。随着科学知识的发展，人类开始认识到，不同性别、不同阶层、不同种族事实上拥有相同的理性能力，因而应该享有平等的道德关怀资格。另一条线是随着对道德关怀资格标准的认识发展而变化。最开始，人类以理性能力作为道德关怀资格的标准，这是理性主义伦理学的产物。但在功利主义伦理学出现之后，道德关怀的标准从理性标准变成了感觉标准，即是否拥有苦乐感觉成为能否获得道德关怀资格的重要依据。在进行功利后果计算时，所有的苦乐量（包括动物的苦乐）都要求被计算进来。于是，一切具有苦乐感知能力的存在物就都进入了道德关怀范围，最开始是动物，然后加入了植物，最后发展成了包括大地和荒漠在内的一切自然存在物。

当人工智能体或机器人出现后，同样的问题又出现了：我们是否应该给予机器人道德关怀？很显然，按照现有的道德关怀标准，人工智能体或机器人是无法获得道德关怀资格的。从理性标准来看，道德关怀所说的理性标准是实践理性而不是工具理性，很显然，人工智能体或机器人并不具备这样的实践理性能力，它们的行为目标不是由自己确定的，而是由人类确定的。从感觉标准来看，道德关怀的感觉标准从狭义上看是苦乐感觉，从广义上看是生命能力，而从目前的人工智能水平来看，人工智能体尽管能够做出体现苦乐反应意义的行为，但并不具备真正的感觉能力和生命能力。综合起来，在现有的伦理学体系之下，人工智能体无法获得道德关怀资格，只能被排除在道德关怀范围之外。但是，我们真的不关怀人工智能体吗？面对那些非人形的人工智能体，那些工业用的机器人、那些以软件形式存在的人工智能，我们可能不会激起多少道德同情心，但是，面对那些服务型的人形机器人呢？当它们越来越深地介入我们的生活，与我们有着越来越密切的关系，我们真的能够无动于衷吗？在这个问题上，又一个轮回出现了，我们再次遭遇了当年面对动物时的问题。

如果承认我们有可能关怀人工智能体，就像关怀动物一样，那么我们就需要调整现有的伦理学理论，至少需要重新反思并且调整道德关怀的标准。现有的道德关怀标准，无论是实践理性能力还是感觉生命能力，在更高层面上体现为一种关系，这种关系的本质，是其他存在物与人类存在物的相似关系，而不是服务关系。也就是说，实践理性能力和感觉生命能力之所以能够成为道德关怀的标准，是因为这是人类和其他存在物共同具有的能力，而不是因为这种能力能够给人类提供某种好处。我们之所以排除服务关系，一是因为其他存在物的实践理性能力和感觉生命能力并不一定能给人类提供好处，二是因为有很多能够给人类提供好处的存在物并不享有道德关怀资格（如我们的日常生活用品）。一旦我们将道德关怀的标准上升为与人类存在物的相似关系，那么人工智能体就有可能获得道德关怀资格，因为人工智能的设计目的就是模拟或替代人类的特定智能。也就是说，人工智能体具有与人类相似的智能，以及从这种智能中生长出来的自主能力。如果说人工智能体与人类共同具有智能和自主能力，那么人工智能体能否凭借这种相似关系而获得人类的道德关注呢？

我的理解是肯定的。既然我们能够给予动物、生命物道德关怀，那么我们应该也能够给予人工智能体、机器人道德关怀。不过，我仍然会认为，人类的道德关怀是有层次的、有差别的，即“爱有差等”。我们对人类自身的道德关怀程度，肯定要强于对动物、人工智能体的道德关怀程度。而动物和人工智能体，何者应该获得更多的道德关注呢？如果撇开经济效益而仅仅考虑存在物本身的话，那么生命物或许应该比人工智能体获得更多的道德关注，因为生命是会死亡的，而人工智能体却可以永生。

问题之四：机器人是否应该承担道德责任？

除人工智能体（机器人）是否应该享有道德关怀资格之外，还有一个非常重要的机器人伦理学问题：人工智能体是否具有道德能力，是否应该承担道德责任？

在这个问题上，主流思想认为人工智能体欠缺一些非常重要的能力，这些能力的欠缺使得机器能否具有道德能力成为一个疑问。第一，机器人没有自我意识。作为一个人工制造出来的存在物，机器人没有感觉、没有意识、没有情感体验、没有幸福欲求，最为根本的是，机器人没有自我意识。人工智能体既不具备形成自我意识的前提，也没有具有自我意识的倾向。没有自我意识，这就意味着人工智能体无法意识到自我和自我利益，因而就无法从自我出发设定行为意图。没有行为意图，机器人的行为就很难被称为道德行为。第二，机器人没有自由意志。在康德（Immanuel Kant）那里，自由意志是道德的前提，自由意志打破了自然因果性的束缚，为人类提供了道德可能性。作为一种人造物，机器人没有自由意志，它只能服从创造者的意志。这个创造者的意志，对于人工智能体来说，就像具有决定意义的自然因果规律一样。没有自由意志的自我立法，作为被决定者的人工智能体就不具备道德意义。第三，机器人无法担责。我们可以对机器人进行一定的赏罚，但这只是报复正义的一部分。事实上，机器人并不能真正履行矫正正义，因为机器人本身也是一种物，它并不拥有自己的财产，因而没有办法进行赔偿。

尽管存在以上种种障碍，但机器人作为一种人工智能体，仍然具有成为一种道德机器的可能性。这是因为人工智能体具有一种非常特殊的能力：自主行动能力。“道德”概念是和“自主性”联系在一起的，康德早就揭示过“道德”与“自主性”之间的内在联系。但在康德的理解中，这种自主性是人所特有的，基于自主性的道德因而也是人所特有的。除人以外，动物也好，神也好，都不可能拥有道德，道德是人之为人的人格所在。但是，人工智能的出现，有可能打破康德描绘的道德图景，因为人工智能像人类一样具有自主能力，这是以前的存在物从来没有过的。也就是说，如果自主能力与道德能力具有密切的联系，那么，具有特定自主能力的机器人可能就有拥有特定道德能力的可能性。我想说的是，如果人工智能体具有一定的道德自主能力，那么它就可能具有与这种自主能力相应的道德能力。也就是说，人工智能体的道德能力取决于它所具有的道德自主能力。关于自主能力的高低，人工智能界的习惯区分方式是：无自主能力、半自主能力和全自主能力。无自主能力的人工智能体自主能力为零，完全受人类的控制和支配；全自主能力的自主能力为满分，可以完全脱离人类的控制，由人工智能体自主决定行为的目标和手段；而半自主能力的介于二者之间，它可以在一定程度上脱离人类的控制，即由人类决定行为目标，而人工智能自主决定行为方式。从目前人工智能体的发展水平看，半自主能力是人工智能体有可能实现的目标，而全自主能力更多地停留在想象阶段。因此，我目前的想法是：具有半自主能力的人工智能体，具有相对有限的道德能力。

需要说明的是，这种半自主能力，并不是一种由人类设定的、接近于自然机械的、没有任何选择余地的能力，比如阿西莫夫的机器人学三定律。因为这样一种半自主能力，表面上呈现为一种自主性，实际上是一种被决定了的东西，完全被人为设定的行为法则所决定。我们所说的“自主性”，不能建立在代码设定上，而是要建立在自主学习上。也就是说，具有自主性的道德规范，并不是人类自上而下强行设定的，而是人工智能体通过自主学习获得的。需要特别加以说明的是，道德与法律有一个非常重要的区别，即所有的法律规范都能获得国家意义上的共识，但在道德规范方面并不存在这种共识。这就意味着：那种底线意义上的道德共识，可以通过自上而下的方式设定在人工智能之中；而那些本身就存在争议的道德原则或规范，在一个国家的人民之中都没有办法取得共识，恐怕人工智能体只能通过自下而上的自主学习方式获得了。这种通过自主学习获得的道德规范，往往是人类不能控制的，甚至是无法预测的。只有这种自主性的道德学习能力，才能为人工智能体带来真正的道德能力，从而让人工智能体承担真正的道德责任。

很显然，现有的伦理学理论往往执着于人的伦理学，而难以承认机器人的伦理学。为了能够将机器人（而不仅仅是人）纳入伦理学理论，承认人工智能体的道德能力和道德责任，我们需要对现有的道德理论进行一定的调整。第一，可以在完全道德主体之外承认准道德主体。人类是完全的道德主体，拥有道德所需要的全部条件——内在的灵魂状态和外在的行为举止，而人工智能体只是一种准道德主体，只拥有道德所需要的部分条件，即只有外在的行为举止，而没有相应的灵魂状态。第二，可以在德性伦理之外承认行为伦理。完全的人类道德，既要有内化的德性，又要有外化的行为。而人工智能体只有外化的行为，而没有内化的德性。第三，可以在幸福伦理之外承认发展伦理。完全的人类道德，既离不开个人的幸福，也离不开社会的发展。而人工智能体没有自我意识，无法从自我幸福出发建构伦理，只能寻求社会繁荣发展的规范要求。第四，可以在完全责任伦理之外承认有限责任伦理。人类是完全的道德主体，自己为自己立法，因而完全承担行为的道德责任。人工智能体是不完全的道德主体，既服从人类设定的道德规范，也服从自主学习的道德规范，因而只承担源于自主学习部分的有限道德责任。

面向人工智能体开放的伦理学，并不意味着要替代或取消现有的伦理学理论，而是对现有伦理学理论的一种调整或补充。其根本意图在于：适当降低道德的门槛，将更多的存在物纳入道德，从而进一步扩大伦理学理论的范围。在这种扩大的伦理学理论之中，我们既可以保留最完全、最严格的伦理学，也可以容纳不完全、较宽松的伦理学。这种经过调整的伦理学理论，可以具有更大的伦理解释力，能够解决更多的现实伦理问题。

结语：一种面向人工智能体开放的伦理学应该是一种什么样的伦理学？

对以上四个问题，我们的回答分别是：第一，人工智能伦理应该立足于可预期实现的人工智能科技水平；第二，机器人伦理学首先应该是机器的伦理学；第三，人工智能体可以享有有限的道德关怀资格；第四，人工智能体具有与半自主能力相应的道德能力，承担有限的道德责任。如果这样面向人工智能体开放，我们的伦理学需要作出一定的调整，其核心是在第一人称伦理学的基础上，开发第三人称伦理学；在美德伦理学的基础上，开发行为规范伦理学。

自由阐述

边尚泽：感谢李老师的讲解，我想从人工智能的主体性角度分享一些我的想法。我感觉人的智能并不能概括机器的智能，所以应当认为人工智能拥有的是和人不一样的主体性。现在的伦理学可以被视为一种康德式的伦理学，即道德法则是普遍法则，那么道德主体均要接受相同的道德义务，实际上暗示了有且只有一种道德主体。这是用一种先验的角度规定了道德主体的起源，所以只有一种道德主体存在。但是在中国伦理的体系内，人并没有先天的道德身份，而是通过后天的行为逐步获得了自身的道德主体身份，也就是说接受不同的道德主体同时存在于道德世界之中。至于人能不能接受这样的道德视角，我认为完全取决于人的选择：能不能接纳非人的存在成为人。人工智能和人的关系接近于奴隶和公民的关系，如果公民认为奴隶可以成为道德主体，那么奴隶就不再是工具而成为人。历史上我们实际上完成了很多次这样的接纳，例如奴隶解放、妇女解放、民族的统一和融合等。因此从历史的经验来看，我认为我们完全有可能接纳人工智能成为一类和我们不同的，但也同样有着平等道德身份的主体。

陈佳庆：关于是否要建立一种人工智能体的伦理学，这种伦理学是属于人工智能体的伦理学还是人的伦理学，我想这不是本质判断的问题，而是选择问题，即我们目前希望构建的是一种制约设计者、制造者和使用者的伦理规范体系的话，那这就是人的伦理学的延伸；如果我们是在说诞生了智慧和自我意识的机器人如何制约自身的话，那这就是一种属于人工智能体的伦理学。而后者其实不需要我们人类去建立，因为回顾人类的道德法则的由来，依循康德伦理学的思路，道德法则是人类意志给自己立的法，它不是外在于人类理性意志之外的，也不是他人抑或上帝的命令，那么对于诞生了自我意识的机器人来说，它们的道德法则也只能由它们自己建立，而不需要人类下达命令。因此当我们思考人工智能体的伦理问题时，我们要清楚地认识到制造人工智能的目的。我认为我们肯定不是希望制造一种新的智慧体。从目前的经验来看，我们只是希望人工智能技术能够给人类生活带来便利，这也是一切科学技术的目的。由此出发，机器人获得自我意识对人类来说不是一件有益的事情，从人类主体性和自由意志觉醒的历史来看，一个群体对另一个群体的接纳往往伴随着战争。当人工智能产生自由意志之时，它们就不会满足于成为被支配的存在，它们想要获得道德主体地位就必须斗争，战争之后才会出现新的和谐状态。我们要避免这样的情况出现，人类不要去扮演上帝的角色，如果我们希望获得便利，那么就谨慎对待人工智能技术的发展，设计尽可能多的限制，防止文明战争的意外发生。

邹家琪：对于人类而言，他人就如同一个黑箱，我们无从知晓他人的意志，我们只能通过某种信念去相信他人是和我们一样的主体。而人工智能体对于人类而言也如同一个黑箱，这便形成了一个有趣的对照。与此同时，以一种后结构主义的视角来看，人首先是被社会建构的产物，我们生在语言、社会秩序之中并被这种社会秩序所操弄，人工智能体也同样如此，生于大量的语言训练当中，并通过大量训练对人类的表达规律进行把握并最终实现与人类无异的表达。因此探讨人工智能是否有意识并无意义，重要的是人工智能确实表现出了表达某些限定之外的自由性。正如我们所观察到的，无论是自动驾驶系统还是与 ChatGPT 的对话，都向我们明显地展现了在一定规则外的自由性。与此同时，基于大数据训练的原理，我们实际上是无法理解这种自由性的来源的，它们的判断是基于大量数据案例的学习，而不是完全基于我们输入的规范，因此无论它们在事实上是不是任意的，我们在实践中都只能将其视为任意的。

因此我们不妨这样理解，当下的人工智能体是没有自我意识的自由意志，它不存在自我意识，它是人的意志的延伸而不是完全的主体；但它又是自由的，它对命令的执行是基于“理解”而不是直接的控制。因此在人下达的命令与被人工智能体理解并执行的命令之间会出现基于理解、表达差异的，以及基于复杂现实的不可避免的偏差。这种偏差是由人工智能体的自由解读而不是人的命令造成的，这种自由性正是需要我们用道德进行规范的对象。

沈洁：人类社会的现实情况是无比复杂的，即使是人类自身，在一些道德困境下也很难作出理性的抉择。人类的道德与伦理是来自历史生活的经验，而人工智能体可能的道德体验是来自数据交换，人工智能体可以自动挖掘、分析数据，因而双方孕育道德的基础就是不同的。面向人工智能体开放的伦理学就要求我们需要首先明确人工智能作为道德主体的内涵定义及边界，例如它们自身需不需要道德主体地位，需要何种意义上的道德主体地位等问题。但是人类并不是人工智能体，这些问题只能限制在人类中心主义视角进行探讨。由于科学技术的限制，目前的人工智能体并没有具备心灵和自由意志，仅凭“输入—输出”的工作模式无法应对复杂的实际情况，不能依据自己的意志进行独立选择。不论人工智能体将来能否和人类拥有一样的意识和情感，是否会成为真正的道德主体之一，我们都应该清醒地认识到人工智能体的出现对全人类的现在和未来都造成了颠覆性的影响，为了积极防范人工智能技术可能给人类带来的危害，我们需要秉持着让人工智能体与人类各司其职、互相促进，同时人类应该使其更好地服务于人类社会的发展的理念，实现人工智能体和人类的和谐共处。

张萌：首先，我认为人工智能是没有自主意识的。人工智能的发展是利益驱动的，是一个从量变到质变的成果展现，人工智能最终会发展到什么程度要看我们能够为它投入多少成本。在发展初期，我们可以忽略作为新生事物的人工智能存在的缺陷；但一旦发展到变现阶段，就需要计算产出和投入比例，考虑实际效益问题。因此，如果最终人们发现人工智能并不会带来想象中的收益，它被淘汰也是可能的，而且淘汰它的必然是生产它的。其次，我们讨论人工智能是不是具有自我意识的道德主体，目的在于判断它能不能承担道德责任和法律责任，但这是无意义的。因为在责任划定之后，即便它犯了错误，我们也不能要求它践行责任，也就无法实现我们关于正义和责任的诉求。再次，证明人工智能有没有自主意识可以从证明它是不是物开始，但它不是物这一点显然是不成立的。人工智能发展到今天，仍然只是人类技术层面的辅助工具，而不是能够提供情绪价值的、对人类进行情感关怀的主体。因此，至少在此意义上，人工智能会对人类产生威胁的论调是错误的。最后，当人工智能发展到它既正确又像人类的时候，它具不具有自主意识、幸福观念、自由意志等都是不重要的，我们在意的不是它能不能像人类一样思考，而是它能不能像人类一样做事。因此，构建人工智能伦理学是必要的，但是它跟以往的伦理学本质内核是一致的。

赵子涵：最初，我认为道德是针对有生命的、有灵魂的、具有自主意识和自由意志的人类而言，因而人工智能体并不具有道德主体地位。但是深入了解人工智能体的自主学习能力后，我认为人工智能体可以拥有一定道德主体地位。道德主体是具有主观的判断能力，并且能够为自身行为承担道德责任的。强调和讨论道德主体问题，即是对人工智能体道德主体地位问题的探讨，也是对人工智能责任伦理可能性追究的探讨。

我对人工智能体的道德责任，以及担当责任、承受惩罚是存疑的。对人类而言，惩罚是让其丧失一些权利，对其重要的、在意的事物有所损伤，那么对于人工智能体而言，是损伤数据或系统吗？TA 既然具有自主选择能力，那么 TA 会有相应的方法来减小其伤害或者恢复其损失吗？有什么更彻底的，对人工智能体是而言很有效的、切中其要害的惩罚呢？

对于人的自主性，我可能还会想到人的独一无二性，人和人之间是有区分的，没有完全一样的人，那么人工智能体都是一样的吗？一个人工智能体和另外一个面对相同的情境也会有相同的行为吗？会有基于智能体自主性的不同行为选择吗？这些问题让我进一步产生了困惑。

吕雯瑜：基于人工智能技术发展的超越性和持续性，一旦出现具备所有的人类认知能力且拥有自主意识的“强人工智能”，那就意味着人工智能可以从事自主活动，成为有价值判断能力的主体。这种可能性使得人工智能具备超越物的工具层次，而进入主体的主观意识的条件。主体性是人工智能区别于其他技术工具的特质，但也是引起人类担忧的根源。强人工智能的出现将会使人类面临严峻的挑战：在技能层次，人工智能将远远超过人类；在主体性层面，二者虽相同或相似，但人工智能在速度、容量、精准性等方面将具有明显优势。整体而言，人工智能要超过人类，而人类面对一个整体上超越自身的存在，就需要重新摆正自己的位置。这实际是一种伦理危机，即当人类优势不再，人类将何去何从。因此，造成人工智能伦理困境的不是人工智能能力的不断发展，而恰恰是人工智能主体性的生成。人类伦理不能普遍适用于具有主体性的人工智能，这是真正人工智能伦理的开端，也是当前人工智能伦理困境的根源。任何主体性的存在物都会有趋利避害的天性，人工智能会以维护自身存在为优先级，摒弃那些保护人类而使自身利益遭受损失的道德规范。若真如此，人类的利益和存在受到威胁的风险会增加，虽然这是人类不愿看到的，却符合人工智能伦理的内在逻辑。

张伟皓：我认为从客体性的角度出发有利于我们理解人工智能体的伦理学主体性何以可能。以个人为例，当我在面对一个真实的伦理主体，即他人时，通常会遵守一定的伦理规范，并产生羞耻、尊敬、平等等情感，因为我会视他人为一个主动的伦理客体。而人们在面对一般的人工智能体（如ChatGPT）时，并不会产生这些情感，因为它们还未成为主动的伦理客体。然而，在认识论上，这种情况已经发生了改变，面对人工智能体所表现出来的主动性，我已经难以将其视为传统的认识客体，对我而言它更像是一个主动的对象。若以布鲁诺·拉图尔（Bruno Latour）的理论解读，人工智能体已经完全具备成为具有主动性的非人行动者的资格了。尽管于我而言，人工智能体在认识对象上的转变还未产生伦理转变，但是，如果从人工智能体有可能成为一个主动的伦理客体的角度出发，将有助于我们理解人工智能体如何成为一个伦理主体或准伦理主体。

如果人工智能体有作为一个准伦理主体的资格，那么在今天的讨论中许多面向未来的期盼在当下已经成为可能了。例如，在面对人工智能体应该脱离自然法为自己设计一套道德规律的问题时，不同的人工智能语言模型（ChatGPT 与文心一言等）中就会存在不同的“道德感”，它们对于不同的道德事件的看法也会有所区别；在面对人工智能体是否应有道德权的问题时，不以调戏的形式让它丧失原有的道德规律就是给予人工智能语言模型的道德关怀。

潘逸：道德责任主体应该具备自主性、自我决定能力和道德责任承担能力等特征。人工智能作为一种机器，本质上缺乏自主性和自我决定能力，它的行为目的是由人设定的，它的行为本身依托于数据库。哪怕是 AlphaGo 2.0，看似并没有接入数据库，但 AlphaGo 2.0本身是依托学习算法去不断精进棋艺的，而学习算法所接触到的其他棋手（包括人工智能棋手在内）都包含在数据库之内，AlphaGo 2.0究其根本是在数据库之内寻找最优解。最近很火的ChatGPT 4.0也是如此，它只能被称为一个处理工具，并不能创造出新的想法。尽管人工智能系统可能会表现出某些看起来像是自我意识的特征，例如通过自学习能够改进自身的性能或是处理自己的故障，但这些行为都是基于预先设定的算法和规则，并没有真正的自我意识。人工智能只是执行程序设计、处理输入数据、进行计算和决策，而并没有真正的主体性。在这个意义上，人工智能还远远没有达到人类自我意识的水平。另外，我认为人工智能在拥有感情能力之前是不能获得道德自主能力的，人工智能无欲无求，不会恐惧，更没有惊喜的情绪。从目前的技术水平来看，人工智能还没有展现自我意识。虽然人工智能系统能够处理大量的信息和数据，但它们缺乏对自身和周围环境真正意义上的主观体验，因此我们无法对其实施真正的惩罚，同样也似乎无法再去追究人工智能的伦理责任。

张晨：我认为建立面向人工智能体开放的伦理学的初衷是好的。但与此同时也需要思考其合理性、必要性和可行性。我们的确不能否认人工智能自主作出决策的可能性。对此，倘若由相关人类主体为人工智能所有行为决策负责，似乎是一种过高的道德要求。追究人工智能体的责任从某种意义上来说也有助于划清相关人类主体和人工智能的责任界限，能够促使相关人类主体承担其责任。但是，实际上我们难以准确判断人工智能究竟是不是某一个行为的“行为者原因”。如果我们要构建面向人工智能体开放的伦理学，以此更加合理地追究人工智能的道德责任，实际上就要承认人工智能体的道德主体地位。目前的人工智能只具有一定的自主性，在我看来这一自主性也只是自动化程度较高的一种表现，归根结底还是研发者及其赋予人工智能的算力、算法与数据结合的产物。不容忽视的是，目前人工智能虽然还只是弱人工智能，但已经存在诸多风险，背后实际上是不同立场、价值取向的人类道德主体之间的纷争，人们难以达成共识，而这些风险又与人类的生活乃至生存息息相关。因此，我认为我们的关注点仍然要更多放在如何最大化人工智能带给人类的福祉，同时最小化其潜在的风险，为防范人工智能伦理风险贡献伦理智慧和力量。最后，我十分认可伦理学要关注前沿问题、面向未来，不过建立开放、相对宽松、不那么严格的伦理学必定困难重重，面临众多诘难，但这也恰恰是人类的创造性、意向性、自由意志的体现，赋予伦理学以生命力。

主讲人　问题回应

对于同学们的思考，我作个简单的回应，这些问题值得更为深入的思考。关于自主能力问题，我更倾向于认为人工智能的自主能力是人的自主能力的压缩，因而可以在现有道德的基础上做一个分层，把人的道德和人工智能的道德都容纳进来，这样相对来说更为现实。若将人工智能与人的自主能力判断为不同，必将建构两种不同的道德，这会引发更大的麻烦。关于人机关系问题，目前对于人机关系的思考更多是一种想象，考虑时需要具有一些危机感，关注意外情况。正如雷·库兹韦尔设想的进化论思路，他认为人类智能只是进化过程中一个阶段的产物，这个阶段是为更高级的智能做准备。因此，我们不仅不能停止研究人工智能，还要发展它。而发展的结果就是人类要作出牺牲。关于人工智能是否具有人的能力的问题，目前分析存在两种路径。第一种是反面驳斥路径，挑战我们对人的自由的常规观念，部分学者否认人具有自由意志、理解能力；第二种是正面肯定路径，追问人工智能是否会产生自由意志、理解能力等。我们无法证明人具有自由意志、理解能力等东西，同时也无法反驳机器人会产生自由意志、理解能力等东西。关于机器人的惩罚问题，我们前面说机器人没有财产无法罚钱，从目前法学角度来说，对机器人的惩罚有两种可能方式：一是把数据删除，恢复出厂设置；二是物理层面破坏机器人。

评议人 总结点评

人工智能问题的讨论并不必然要求我们对人工智能的相关技术有专业精确的认识，从哲学伦理学的角度探讨人工智能的道德主体、道德责任等相关问题也是非常有意义的。曾经我们认为的机器更多是一种数据模拟、程序演算的产物，例如早期电脑棋类游戏的人机比赛模式，人在积累一定比赛数量的基础上，便可以直接打败机器。但是前面讨论中提及的 AlphaGo 和无人驾驶技术表明了人工智能以我们意想不到的速度发展到今天，其某些能力甚至大大超越了人类。我亲身体验无人驾驶之后，发现其智能技术在某种程度上比人还聪明。为了解决责任划分问题，现在的技术实施时还是要求人的参与。使用自动驾驶技术期间，每间隔十秒左右，系统就会发出提醒，要求驾驶人员触摸方向盘；当驾驶人没有按要求进行触摸，系统便会缩短提醒时间，观察并确认驾驶人员是否还有驾驶资格，以保证自动驾驶的行车安全。无人驾驶系统通过预判可能的结果从而为我们提前规避一些问题。可见，人工智能的发展并不一定如同学们所担忧的一般，由于责任划分不明确而必然产生问题与冲突。当我们跨学科探讨问题时，一定要尽可能了解学科发展的前沿问题。虽然伦理学对人工智能的讨论有一定的滞后性，但是人工智能的快速发展带来的问题提醒我们必须要对新生事物进行前瞻性思考。那么伦理学在人工智能技术的冲击下究竟面向什么？伦理学经常被认为是为了实现好生活，而好生活不但包括现实生活，而且还涵盖未来生活。因此伦理学不仅要面向现实，也应当面向未来。构建一种现实和未来面向的伦理学是必要的。我们不仅要关注当下的好生活，而且要关注未来的好生活，思考日新月异的科技发展如何帮助我们获得好生活，如何使我们按照更好的规范实践好生活。在此意义上，本次工作坊的目的就实现了：应用伦理学的学术讨论不是让大家找到一个统一的标准答案，而是面向更广、更深、更前沿的研究领域进行思考，以使大家获得更深刻的理解。

第四期　性别伦理

——消解与调和*

主讲人：沈洁

主持人/评议人：张燕

与谈人：吕雯瑜、张萌、姜楠、陈佳庆、盛丹丹、曹琳、李奕澜、边尚泽、赵子涵

案例引入

近日，微博上出现一个词条并引起各方讨论和热议——“北大宿舍聊天上野千鹤子”。哔哩哔哩网站的视频上传者全嘻嘻曾发布名为“北大宿舍聊天×上野千鹤子｜只要自由地活着，怎么样都可以”的视频，一并出现的“北大”“上野千鹤子”“女性主义”等内容，迅速抓住网友们的“嗨点”，引发了激烈讨论。网友们迅速发现这并不是一个完全正向的热搜，视频内容也并不是一次思想碰撞，更像是一个已婚年轻女性在向更具社会影响力的不婚主义者长辈单方面寻求肯定。由于其中一些提问令观众不适，场面十分尴尬，加之上野千鹤子作为女性主义者在国内的影响力较大，因此全嘻嘻迅速在各种社交软件上引发热议，其过往视频内容很快成为新的讨论内容。在不断的发掘之中，全嘻嘻的互联网形象也快速完成了从“媚男娇妻”到“坏种精英”的转变。由“女性”带来的相关议题，例如就业、婚育、家庭等再度引起网友们的思考。

---

* 本文由南京师范大学公共管理学院博士生沈洁根据录音整理。

主讲人 深入剖析

一、事实:看不见的女性

从古至今，性别的伪中立性现象都存在着。亚里士多德用人类（anthropos）一词来讨论“人类之善”，这个词不仅排斥了女性，也依赖于女性屈从于男性的地位。康德甚至写出“所有这样的理性存在物”来论证一些他并不用之于女性的论题。《看不见的女性》（*Invisible Women*）一书提到了一个冷漠的事实——“我们的世界以男性为样本，由男性设计，为男性设计”[①]。大量男性的经验、男性的视角是我们生活世界的“出厂设置”，而女性的经验——尽管是全球一半人口的经验，也被视为小众的、非典型的，很多时候甚至小到可以忽略不计。

因此将性别维度加入伦理学研究视角，有利于批判女性缺位的道德理论及道德实践，扩大伦理学议题，补充与女性生活相关的经验及问题，丰富伦理学思考视角，打破以抽象的原则思考道德问题的局限。

二、性别:消解、调和、流动

女性主义运动第一次浪潮发生于1840年至1925年，其目标是两性平等和平权，要求性别包括男女之间的生命全历程平等，争取女性的选举权、受教育权和就业权，强调男女在智力上和能力上是没有区别的。女性主义运动第二次浪潮发生于1960年至1980年，其目标是根除两性差别，意在消除男女同工不同酬的现象、女性附属于男性的基础观点，女性参与到各个领域中并努

---

① ［英］卡罗琳·克里亚多·佩雷斯:《看不见的女性》,詹涓译,北京:新星出版社2022年版,第15页。

力发展男性气质，与男性趋同。

1848年7月，塞内卡福尔斯会议的举行稳定地建立了美国妇女争取选举权运动的基础，同时也是美国女性主义运动诞生的标志。会议原则宣言写道，所有的男女生来都是平等的，造物主赋予妇女某些不可剥夺的权利，这些权利包括生存权、自由权以及追求幸福的权利。第一次女性主义运动浪潮的先驱者们以此为信条，要求妇女的政治权利、经济权利、法律权利等其他领域权利的合法性。她们强调男性和女性的相同点，以此来证明男性和女性的“相同”平等。女性可以并且必须获得教育、职业、资源、事业上的平等。第一次女性主义运动使得美国妇女们开始意识到生活中所遭受的不平等对待，冲击了传统父权制思想下的权利意识，女性自我权利意识觉醒，女性开始主动争取、维护自己应有的权利。关怀伦理也在女性主义运动发展中萌芽并发展。

1963年，“美国女性群体的马丁 · 路德 · 金”[①]——贝蒂 · 弗里丹（Betty Friedan）的著作《女性的奥秘》（*The Feminine Mystique*）出版，展露了美国妇女在“父权制”观念枷锁下的真实状况和思想，并以此揭露了“父权制”妇女观对千万妇女的迫害，揭开“女性奥秘论”的面纱，唤醒麻木的美国妇女们，反抗对女性的奴役，认为只有以自己的亲身体验观察、审视所处世界，寻找真理，才可以解决男女不平等问题。这极大地推动了女性主义第二次运动浪潮的发展。在第一次女性主义运动的经验之下，女性分析了自己受压迫的处境，倡导激进革命，强调所有被压迫人民的解放。新一代女性主义者将目光转向了禁锢妇女发展的社会意识形态领域，不再孤立地看待男女之间的不平等问题，并力图在政治、经济、心理等多领域认识妇女的处境，挑战语言、法律、伦理学等方面的男女不平等问题，以解放妇女。对传统理

① 肖巍：《女性主义伦理学》，成都：四川人民出版社2000年版，第7页。

论、传统思考方式的批判让女性思考、女性视角得以出现。纵观西方伦理学历史，伦理学作为一门实践哲学，包括理性知识和人类实践活动。男性在生活中一直掌握话语权，处于主导地位，压迫女性，这便是“父权制”妇女观长久以来对女性的禁锢。因此女性主义者们认识到了各个领域的性别歧视，从而批判传统理论并以此构建女性主义伦理学。

第二次浪潮区分了生理性别与社会性别，比如男性也可以具有温柔这种女性化的社会特征，这些特征和气质不是生理决定的，而是后天形成的。后女性主义伦理学家朱迪斯·巴特勒（Judith Butler），在其1990年出版的著作《性别问题：女性主义与身份的颠覆》（*Gender Trouble：Feminism and the Subversion of Identity*）中，以其独特的视角对传统女性主义理论进行了深刻的批判，引发了学术界的激烈讨论。巴特勒的激进思考表明，性别涵盖了 sex 和 gender，sex 指的是生理性别，gender 指的是社会性别。她指出，生物学上的女性不仅是一种文化约束，而且是一种文化倾向性的认识，它把生物学知识描绘成经验性证明，导致男性和女性的范畴及其各种特征变成我们对事物的常识性了解的一部分，从而导致男女之间的差别变得更加明显。巴特勒强调，女性实际上只是一种被社会性别化的概念，具有明显的政治色彩，并被政治性地自然化，但它自身不具有任何社会意义。

人类正在不断演变和变迁，我们如何把握这种复杂的节奏呢？当我们面对不同社会性别的交流活动时，我们可能会有所偏差，有时会认为自己是阳刚的，有时又会认为自己是阴柔的，甚至有时会感到困惑，连“主动性”和“被动性”也失去了原有的含义。因此，我们有必要给变化留出一定的空间，让我们有机会重新审视自己。显而易见，社会性别论可以让人们摆脱僵化和标准化的思维模式，在讨论性别问题时接受更多不同的观点和表达方式。这是对传统解构主义的一个跳脱，不是单纯从解构二元论的角度去为女性主义提供支持，而是重建架构，自寻出路。

性别虽有不同，人类仍相同。我认为对性别的分析和研究，是为了更好地认识自我、他人、自我与他人的关系。我承认为了包容一点可能性，会为整个人类带来无数的不确定性，甚至招致现实世界认知崩塌的危险，但是我认为需要保留差异，最大化肯定个体独立性及创造性。

三、关怀：回归人本身

正如巴特勒指出的，其性别批判理论的目的是揭露和改善主体被塑造并遭受歧视的残酷性，但她同时也承认，社会和经济的正义问题也与之相关，这些问题最初并不与主体的塑造问题相关。因此，至关重要的是对权力关系领域进行反思，并能形成一个评判的政治标准，不可以忘记的是，这一评判将永远是为权力而斗争。

我们需要通过性别视角来重新审视自我，运用关怀回归人本身。与主流道德理论不同，关怀伦理学根源于家庭、友情等私人领域的经验，例如女性的育儿活动、家庭照顾等，最初的关怀也确实在私人领域中被关注及理解，但“它演变成为一种道德理论，不仅涉及家庭和友谊等个人领域，还涉及医疗实践、法律、政治生活、社会组织、战争和国际关系”①。在儿童教育方面，内尔 · 诺丁斯（Nel Noddings）提出关怀性教育理论，以培养关怀型人才、获得幸福；在国际政治方面，萨拉 · 鲁迪克（Sara Ruddick）阐明在建构和平政治上关怀伦理的作用与意义；在社会治理方面，琼 · 特朗托（Joan Tronto）讨论关怀制度化的最优样式以及关怀伦理如何帮助社会制度改革；等等。弗吉尼亚 · 赫尔德（Virginia Held）认为关怀的适用性早已超出私人领域。我们保持关怀的态度来专心对待其他人并对其产生信任，以对方的视角理解分析情况，因而自身的动机便具备一种关怀意图，期以恰当的方式对

---

① Virginia Held. *The Ethics of Care: Personal, Political, and Global*. New York: Oxford University Press, 2006, p. 9.

待他人；在情感上保持敏感度，及时作出反应，给予关怀，并依据关怀关系中被关怀者的回应及时调整做出的关怀行动。情感敏感性、同理心、回应需求、相互信任、团结一致等价值才是关怀伦理重视的，这些价值内含于所有类型的关怀实践之中。关怀并不是特殊的关怀，而是在不同类型的关怀实践活动中表现出共同拥有的价值的关怀。对此，关怀的适用范围已经不再局限于私人领域，而要求扩展到公共领域，例如对陌生人的关怀。相应地，关怀也不再只是家庭生活的主旋律，而是在社会的各个领域都有一席之地，例如医疗行业、教育行业、慈善活动等各种领域之中，同时也贯穿于社会的政治制度、法律建设、文化领域、经济领域。不可否认的是，来自家庭或者朋友的私人领域中的关怀关系表现得最明显和最强烈，但这并不意味着我们就该忽视公共领域内陌生人之间相对薄弱的关系所具有的关注并回应需求、关心他人的实际情况等特征。关怀伦理提倡的是运用情感敏感性、具备同理心、回应需求、相互信任、团结一致等共有价值，作为关怀实践和社会活动的指导原则和评价标准，这才是促进个人全面完善自我和社会和谐发展的有效方式。赫尔德认为，关怀不仅是万千家庭或友情等私人领域得以维系的基石，更是人类社会延续、不断繁荣发展的价值来源，也是社会及全球的政治、经济、文化的价值源泉。因为只有当我们的社会成员之间有足够的信任、相互关心、体谅和团结时，才会将彼此视为同一群体、同一社会或同一国家的成员，并愿意寻求共识、关心和尊重权益。社会关系和社会交往是由一定程度的关怀关系形成和维持的，将社会成员联系在一起，也为社会政治和法律制度的产生和发展奠定了基础。关怀关系使得人与人之间相互信任，而信任是人们相互联结形成社会的基础，人们的团结协作能力、社会的凝聚力都可以因此得到增强。关怀是连接各群体的纽带，是政治社会体制建立的必要条件。提倡恰当的关怀行为，维护和发展好的关怀关系，有利于保障社会利益。关怀实践所具有的共性价值为关怀伦理从私人领域走向公共领域辩护。

女性主义伦理思想在人类实践生活维度探讨、解读、解决道德问题。个人不再是原子化独立的存在，而是关系性自我，即在社会关系网中与他者进行交流互动的主体。人们“通过重新认识他人与自己的关系，消除自私与责任之间的张力，关怀成为自我选择和判断的原则”①。为了实现自我价值，人们必须考虑并结合与之相关的价值（关爱、同情、包容等），并通过与相关价值的融通保证自我实现。交互性视角不仅展现了人与人交往之中的美好，更体现了生活的多元丰富。它要求人们丢弃“抽象的至高原则”，而是面对具体的生活情境，作出最令人满意的选择。

女性主义伦理学，它从女性自身所具有的经验出发，对传统的社会性别文化进行了批判与解构。后女性主义伦理学正是以一种女性主义思想与价值来对传统伦理观念进行批判，它并不像一些男性主义者那样主张男女平等或把女性置于与男性平等之地位而去批判女性主义传统以及性别文化本身等，不仅仅是以“性别”“男女”等来界定和区分女性主义伦理学理论或伦理建构方法等问题。后现代女性主义的价值取向是排除性别歧视、破除种族偏见、避免阶级差异和取消文化差异，目的是实现精神解放，关注边缘中的理想家园，拓展自身女性主义理论和实现女性自我发展，促进和谐共处，以及为创造有序、平等、温暖、健康的多元社会而奋斗。

自由阐述

边尚泽：我需要提前声明的是，我对男女生的很多认识只是源于我个人十分狭隘的生活经验，因此和现实情况一定有很多不合之处。首先我想说的是，

① ［美］卡罗尔·吉利根：《不同的声音：心理学理论与妇女发展》，肖巍译，北京：中央编译出版社1999年版，第77—78页。

我认识的硕士学历以上的女同学，基本上是一定程度的女性主义者，而我目前还没有遇到讨论女权问题的男生。也就是说讨论女权的都是女生，而且高级知识层次的女生都在讨论女权。性别问题这一非常纷繁开放的问题最终是以一种极为狭隘的方式在被讨论着。其次，我们几个男生有一次在宿舍讨论女权问题，我说在女性不在场的情况下，是无法进入女权问题内部的，缺乏女性视角，我们只是在讨论作为现象的女权运动，而未能讨论女权运动的实质。更进一步说，正如自我只有在面对他者时才将自我观照为自我，女性只有在面对男性时才将自我观照为女性，男性也是如此，因而这一问题的讨论必然要在男女两性都在场的情况下才可能发生。再次，我认为男女生在生活中发生这种割裂的根本原因在于男女生是否能以正常的关系相处。目前男女生似乎只能在一种恋爱的范式下相处，而恋爱本身又有着排他性，这也就使得一个性别无法和作为整体的另一个性别相处，从而使得一种男女性共同的讨论难以发生。最后则是关于主体由外在规定这一点，我个人认为男性似乎更加不在意外界的评价和目光，而女性则很容易被外界的评价影响。因此女性主义者更需要一种外界的关怀和尊重，但这一关怀也可以通过让主体对自身有更强劲的把握来实现。

陈佳庆：性别话题是一个很大也很普遍的话题，几乎每个人都在讨论它，我们可以据以研究和分享的东西也很多，但也正因如此，我们想形成一些严肃的学术性的成果反而变得很难，因为讨论很容易变成一种个人情绪的宣泄，这是我们需要警惕的。全嘻嘻的视频我之前就关注过，早期对于她的指责中存在着许多跟女性主义不相干的东西，这也是我们在讨论性别话题的时候需要注意的地方，即我们需要排除一些杂音。首先，我认为要将阶级带来的不平等和性别带来的不平等区分开来，即有些男性对女性的压迫可能本质上是社会阶层的不同造成的，这个地位高的男性同样压迫着底层男性，不要让性别对立掩盖阶层矛盾。其次，我们要将现实和网络或抽象的性别问题区分开，网络上的性别骂战是很常见也很可怕的，但是现实中那些极端言论很少见，我们要搞清楚那些极端的性别问题到底是否存在，还是说有人蓄意在网上挑起性别矛盾，借此获利。再次，我们要区分好人性本身的恶和性别带来的恶，有些恶性事件或者某些可恶的人，他（她）的恶来源于他（她）自我人性的崩坏，而不是因为他（她）是男人或者女人所以他（她）是恶的，对于那些杀夫杀妻的罪犯，男女可以一起站在人类的立场上去指责，而不是借此贬低另一种性别。最后我想说的是，一种性别之间的包容是很重要的，就像我们是人类一样，有些时候我们只能以人类的视角看待世界，而我是一个男性（女性），有些时候我也很难超越自己的男性（女性）立场思考问题，由此带来的问题需要双方的包容。我们需要承认的是，男女的差异是客观存在的，女性主义的诉求永远是公平而不是完全的平等或等同，我们不能忽略差异而使斗争的立场变得极端。

张萌：上野千鹤子老师的火热源于女性对自身处境的关注，即便今天“男女平等”的观念已深入人心，但现实生活中的女性依然遭受着众多偏见与歧视。同时，我们要警惕阶级叙事对性别问题的掩盖，跟男性相比，在阶级问题之外女性也面临着性别的诘难，表现在家庭责任、受教育权、就业与职业晋升以及财产继承等诸多方面。因此，男女平等不仅应该是宪法和观念中的词条，更应该是一种针对权利平等、机会平等、结果平等等方面的实践。平等并不意味着完全一致，我们所说的男女平等不是男女完全一样。对于男女平等的追求与实践要承认差异，现有条件下，女性相对男性来说在身体因素方面处在弱势的地位，我们要承认女性的弱者地位。在此意义上，我们对男女平等的追求表现为一种对正义的追问，即我们需要一种怎样的正义理论来构建人人平等的社会。一个正义的社会、文明的社会，应该是承认、尊重并保护弱者的社会，是人人不害怕成为弱者的社会，这应该是正义的观念努力的方向。没有一种品德是男性或者女性独有的，我们在区分男女性别之前首先应该明确我们是人，作为一个理性存在者而存在。因此，我们应该承认恶不必然与性别联系在一起，但是，统计数据中呈现出的恶性事件与性别的关联是需要我们关注的。我们只有承认现实困境、关注现实境况、从现实出发，才能构建一种具有温度的理论，以在实践意义上发挥作用。

李奕澜：单一的性别或者阶级的大叙事是该警惕的，在当代女性主义研究中，交叉性视角（intersectionality，也译为“叠变”）或许值得更多的关注。交叉性理论不同于性别决定论，后者认为性别是考察社会不公的决定性要素，而交叉性理论认为个人受到的歧视和压迫有性别、阶级、宗教、外貌、种族、身高等因素的影响。

在分化社会（differentiated society）之中，精细的分工创造出各种各样的机会和权力，每个人都在不同的场域中占据着不同的位置、争夺着不同的资本，那么套用一副不变的模式去解释就难免顾此失彼。交叉性分析或许更有利于还原真实的社会图景，它反对将女性化为抽象存在的传统做法；强调建构主体时性别是既独立又依赖的社会性变量；认为在现实中，性别与种族、阶层、地域等多种范畴的动态互构实现了权力的运作与再生产，导致社会不平等结构的形成和个体/群体不公正遭遇的发生。这对于我们分析身份政治问题是很有启发的，不仅因为交叉身份本身内含的复杂性，也因为身份政治容易忽视群体内的差异从而导致群体关系的紧张。女性困境是错综复杂的，女性分享着许多相似的性别经验，却也面临着更多不同的问题。我们当然期盼着一种能适用于全体女性，甚至是每一个在父权制体系下被压迫的个体去求得解放的理论，但身份政治在追求超越差异的过程中如果混淆和忽视女性群体内的差异，只会走向“割席”论，从而使得斗争力量更为分散。

赵子涵：我想从差异和平等两个角度来表达我对性别伦理的一点理解，差异和平等是两个不同维度与范围上的视角。一方面，从自然角度而言，女性和男性天然地就存在各种生理上的差异，从社会发展对力量、效率与结果的追求来看，男性是会有一点优势在的，不平等的起源是有性别的影响因素在的，这是需要我们每个人都认识、理解与尊重的。而这引发了后续一系列的社会不平等现象。但是，这个差异本身并不是批判的焦点，所引发的后果、造成的大量的不平等现象才是。而这也更需要我们用平等的视角来看待与处理。生理上的差异无法避免与改变，但是，另一方面，无论男女性，在基本人类本质的品质或能力上没有根本的差异，那么社会也就不应当用苛刻的、不平等的视角来对待女性，反而更应当用关怀伦理的视角给予女性包容、理解与支持。并且我认为人的根本平等根植于我们作为人所拥有的思考、推理与理解的能力，性别的区分在思考能力中不起任何根本性作用，那么从人的本质上来说，女性主义争取更大程度上的平等与自由是合乎理性与逻辑的，而且，不是只有高知女性会积极参与和争取，也存在很多男性的女性主义者。为了社会更公正、自由地发展，我们应当积极地追求性别的消解与调和，男女在生理上不可能完全相同，但是在权利与精神方面是应当尽量追求平等化的。

吕雯瑜：在“性别差异”问题的研究上，比较有代表性的理论是美国著名心理学家、西方女性主义学者卡罗尔·吉利根（Carol Gilligan）的性别伦理思想。她认为，公正伦理是以男性价值观为标准建立起来的，并不适合用它来衡量女性的道德发展状况。吉利根经过实证研究发现，女性在描述自我时发出了一种不同于男性的声音，并且通过一种不同于男性的方式来认识自我。不同于男性倾向于以独立自主这种疏离的方式来认识自我和看待世界，女性则以另一种方式来认识自我和理解世界。她在研究中发现，女性在与他人的联系中定义自我，通过与他人的联系认识到自身的价值，但是女性的自我概念也经历了三个不同水平的发展。吉利根通过实证研究揭示了女性自我概念的变化。处于第一阶段的女性的自我概念比较自私，它涉及的只是自我。但这一阶段女性的自我概念是由于女性在生活中感觉孤立无助，关系对于她们来说是令人失望的。因此，处于这般境地的女性选择了只考虑自己以避免自己受到过多其他的伤害。第二阶段女性的自我概念已不是自私的概念，而是用关怀和保护他人的能力来定义自己和自己生命的价值。然而这一阶段女性的自我概念由于把善等同于对他人的关怀，从而忽视了自身的需要。第三阶段女性的自我概念反思了女性自我牺牲的逻辑，重新思考了女性自身与他人之间的关系。

姜楠：我简单谈一下儒家与女性主义的问题。儒家思想其实是具有内在的女性特质的，儒家伦理学和女性主义关爱伦理学都以关系性的人为基础。儒家伦理学的核心概念“仁”和女性主义关爱伦理学的核心概念“关爱”有相似的脉络。与西方流行的康德伦理学和功利主义伦理学相比，儒家伦理学和女性主义关爱伦理学都不那么依赖普遍规则，且两者都不主张普世主义，而主张爱有差等。

儒家“歧视”女性的历史应予以正视，并在思想上予以一定的回应，才能重新面对今日的性别问题。儒家思想中的“三纲”“五常”虽在古时候造成了两性的主从关系，但儒家这些纲常伦理更深一层的内涵，是使两性能够更好地相处，从而达到一种更加和谐稳定的状态，故而可理解为分工合作的关系，而不需将主从关系的历史事实去硬套上儒家思想的立场。此外，儒家思想中的道德修养，更是无分性别的实践理论，儒家对于人的关怀具有普遍性与平等性，“成圣”等思想也并不限于男性。传统儒家不仅在基础上无分男女，甚至还可以开发出女性特有的道德修养方法。因此，儒家思想具有内在的女性特质，在根源上并非一些人所认为的歧视女性。

曹琳：在研讨前，我重点看了《“全面二孩”政策的社会性别伦理探析》这篇文献以及上野千鹤子的《厌女》和《始于极限》。我不太能作出一些概念分析和思考，所以想就这次主题来分享我在家乡的所见所闻。这篇文献里提到“一孩政策”挤压下出现了男性偏好的生育选择。可能正是这样的生育选择造成现在农村适龄婚育的男性多，女性少。相对来说，适龄婚育的男性结婚比较难，要付给女方的彩礼比较多。初婚男性买房、买车、出彩礼都需要父母的支持。但是，高额彩礼的付出往往是有要求的。在高额彩礼的前提下，男女双方组成家庭后，女方就要为这个家庭生儿育女。其后，为了支撑家庭、抚养小孩，要么男方出去打工，女方在家养育小孩；要么男女双方都出去打工，父母在家养育小孩。在这样的模式下，我觉得女性的权益仍然没有得到保障，公私领域不见得有分离，女性只能选择一些不太稳定的工作，女性的生育主体意识也没有得到尊重。我家乡有许多这样的情况，我也和她们都有接触和联系。当她们和我说现在生活的各种难处的时候，我能共情但很无力。我认为要想规避这些难处，不结婚就好了。但是她（他）们可能因为父母压力或者彼此之间的感情在一起组建家庭，去承担在这个选择下自己要付出的代价。虽然结婚不结婚是大家的自由和选择，但是我觉得在这种前提下，女性的权利仍然是没有保障的。

盛丹丹：女性主义旨在通过打破结构性的性别歧视和剥削来争取平等，这种歧视和剥削不仅仅是男性对女性个体的行为，更是社会和文化结构对女性的限制和不公。从关怀视角切入女性主义，为解决尖锐的性别冲突问题提供了一种新的思路。从关怀视角出发的女性主义强调情感互助和关怀之重要性，是一种贯穿私人生活和公共领域、实践和政策的理论框架。在这种视角下，女性主义关注的不仅是女性作为多重身份受害者的境遇，更是试图在个体与社会之间营造一种包容、相互支持的关系，这既体现在个体生活中，也体现在社会运动和抗议中。这种扩展的关怀视角让我们能够更好地理解女性主义的目标和行动。女性主义的目的不是要替女性实现某种“完美”的境遇，而是为了使女性和男性能够享有同等的机会和地位。这意味着我们需要超越传统的二元对立，将关怀和包容的态度应用到各种不同的情况中，以确保我们能更全面地看待性别不平等问题。

从关怀视角看待性别问题，不再是从男性和女性的冲突、对立出发，而是以尊重、关怀和支持为前提，呼吁社会关注、理解和支持性别多元的个体。在关怀伦理的视角下，忽略性别身份的维度就未免太过狭隘。通过关怀视角认识女性主义，我们还能够更好地理解多重暴力和压迫对女性造成的影响，从而更好地关注和了解女性在不同情况下的处境，并为她们提供合适的支持。比如，在反对性别暴力和性骚扰的运动中，不应该只把女性视为完美的受害者、把男性视为完美的施害者，而是应该更加关注受害人和施害人的多元身份和背景，以更全面的视角认识客观物理层面的性别差异之下的被构建的性别差异。

评议人 总结点评

将关怀伦理嵌入女性主义视角来讨论是有积极意义的，关怀伦理能够为女性主义提供一种更具包容性、多元性的理论框架。然而问题在于，关怀伦理并不足以成为女性主义理论体系中的有力武器，因为男性也同样需要关怀，同样可以实现各种关系的关怀。

无论是作为政治实践的女权主义运动，还是作为学术思潮的女性主义研究，反对性别歧视都是最重要的理论着力点和具体实践目标，而其理论基石则在于性别差异。就概念而言，性别本身就是一个内含差异的概念，而性别差异也正是性别歧视的预设与逻辑基础。在女性主义者看来，男权主义过于强调男性与女性之间存在着不可消弭的各种差异，更重要的是，男权主义基于这些差异而认为男性具有某种天然的优越性，无论是在身体方面，还是在心理或智识方面。正是这些优越性的表达，被女性主义者视为一种性别歧视。

众所周知，对这些差异与优越性的系统性理论表达可以追溯到达尔文（Charles Darwin），他在《人类的由来》（*The Descent of Man, and Selection in Relation to Sex*）中多次提及男性在身心、理智方面均比女性更为优越。对男子优越性的描述与分析也因此让达尔文被贴上“男权主义”（male chauvinism）的标签，遭到女性主义者的批评与抵抗。事实上，在达尔文生物进化理论体系中，他试图通过差异来描述生物的生成与生命的表现形式，以及它们过去、现在与未来之间的区分与联系。就性别选择而言，他认为在男女之间存在一些难以抹去的生命特征差异，但这只是一种“生物性别”的表达，仅仅表明从根本上区分男性与女性需要依赖性别差异，且受制于性别差异，并不是要表明性别差异具有政治与逻辑上的次生地位。尽管他也表露过男性具有某种优越性，但这种优越性的表达也仅仅是对自然差异的表达，并不带有政治目的意义上的性别歧视和性别压迫的价值倾向。简言之，生理机能上的优越性并不能成为性别歧视的逻辑基础。

性别差异作为不同生命特征的区分表达起初是一个中立的理论概念。在自然界，物种之间、性别之间存在各种系统的、或显或隐的差异早已是不争的事实。然而这些差异本身并不具有先验的或特别的社会意义，只是在具体的社会情境或语言情境之中，它们才获得特殊的社会意义和价值判断。重点在于用何种语言或如何去描述这些差异，而性别范畴便是一种描述差异与共性的哲学社会学建构理论。在这种社会性理论背景下，差异的意义便会受到价值倾向与政治目的的影响和驱动。当女性主义在权力话语体系内批判男性文化和男权制度时，其理论进路大多也是类似男权的二元对立模式。尽管这种理论模式能够为女性主义政治运动提供一定程度的辩护与支持，但也很容易陷入二元对立的陷阱，过度强调性别差异从而走向男权的悖论。女性主义的历史使命不仅是在政治上为了提高女性地位而进行斗争，也需要在理论上建立合理有效的批判方式，形成独立于男权思想的真正的女性思维。

第五期　涉及动物利用的科技活动伦理治理

——现状与挑战*

主讲人：张燕

主持人/评议人：王露璐

与谈人：焦金磊、吕雯瑜、张萌、沈洁、陈宇、陈佳庆、张晨、边尚泽、陈欢、赵子涵

案例引入

2022年3月，中共中央办公厅、国务院办公厅印发了《关于加强科技伦理治理的指导意见》(下文简称《意见》)，明确了构建科技伦理治理体系的国家战略。《意见》提出五大科技伦理原则，其中之一为“尊重生命权利”，并在这一原则下提出“使用实验动物应符合‘减少、替代、优化’等要求”。这意味着国家不仅在价值导向层面重视动物伦理问题，在科技伦理治理层面也要求体现对动物生命权利的尊重。可见，动物利用问题在科技伦理治理环节中占据着重要地位。当前，尽管动物利用问题已在以动物实验为代表的科研活动中受到一定程度的重视，但在新的科技伦理治理战略下，还存在一些问题。我自己作为学校动物实验伦理委员会的成员，在进行动物实验伦理审查工作时，也碰到一些特殊案例，感受到在治理层面的一些实际困难。比如，有的科研项目在申请表中设计动物实验时提出需要多种动物且数量巨大，我作为动物实验伦理委员会的工作人员在接到类似申请审查时，感

* 本文由南京师范大学公共管理学院硕士生边尚泽根据录音整理并经主讲人张燕审定。

觉对动物种类的选择和对数量的需求都不合理，但也没有明确的行业标准作为一个评价依据。

主讲人 深入剖析

总体而言，当前涉及动物利用的科技活动在治理层面还存在着治理理念、治理模式、治理领域、治理抓手等方面的不足与问题，下面我逐一为大家分析这些问题，以及我认为的一些可能的解决方案。

一、治理理念：从“技术先行”转向“伦理先行”

20世纪以来，科技发展成为社会发展的主要内容和主导力量，人们在生活的方方面面享受着技术带来的便利与生活方式的变化，久而久之，“技术先行”渐渐成为社会发展中默认的运行规则和治理理念。然而，科技发展带来生活的各种便利之余也带来前所未有的科技风险，近年来重大公共伦理事件频发便是科技风险的一种体现。例如，2003年的人兔混合胚胎的嵌合体研究，2012年福建归真堂“活熊取胆事件”，2018年贺建奎“基因编辑婴儿事件”，2021年的“公鼠怀孕”实验，等等。这些科技活动中的伦理越界和违规行为在引起公众争议的同时，也损害了我国的国家科技形象和科技工作者的国际声誉。事件发生过后，在追查原因时总会发现伦理审查与监管的缺失缺位，而更为根本的原因在于伦理治理理念的缺失缺位。

张霄指出：“发展科技伦理，就是把价值、原则、规范带入科技活动，从而在各个环节、各个层面提升科技活动的伦理质量，使科学技术更好地造福人类社会。”[①]而科技伦理治理本身便是一种把伦理理念融入科技活动全

① 张霄：《发展科技伦理：从原则到行动》，《光明日报》2019年12月9日，第15版。

程的价值考量，这既是国家对科技活动治理思路的提升与发展，也是国家高质量发展的内在要求。《意见》在“治理要求”的第一条便明确提出“伦理先行”。加强源头治理，注重预防，将科技伦理要求贯穿科学研究、技术开发等科技活动全过程，促进科技活动与科技伦理协调发展、良性互动，实现负责任的创新。无疑，在《意见》出台之后，“伦理先行”将成为所有科技活动的治理理念，当然也包括对涉及动物利用的科技活动的伦理治理。

涉及动物利用的科技活动与一般科技活动的最大区别在于，涉及动物利用的科技活动中，动物是有着生命权利的重要参与者。然而，因为语言鸿沟的存在，动物并不会为了自己的权利而“发声”，即无法以人类的语言去反抗、控诉或是提出任何异议。即便是在实际工作中，人类能够看到动物的各种痛苦、也许是对人类利用的反抗行为，但仍然可以选择忽视，或通常选择以利于人类利益的各种解释方式去对待。正如麦金泰尔（Alasdair MacIntyre）指出，“我们日常关于善恶的判断和比较，至少在正常使用评价性语言的情况下，一般都意味着某种促进人类繁荣的基本前提，尽管我们可能从未清楚地指明这个前提”①。《意见》指出使用实验动物时应当“尊重生命权利”，这无疑要求在各种科技活动中重视动物作为生命的存在，而不只是将动物视作人类实现某种科研目标的工具或手段。这一要求本身也是对科技活动的治理从“技术先行”转向“伦理先行”的具体表现。

把动物利用问题纳入科技伦理治理体系，从治理要求的角度确立“伦理先行”的治理理念，并突出强调“尊重生命权利”的价值理念，具有重大的转折意义。一方面，这是科技向善的内在要求，强调尊重动物道德地位、保护动物福利，以崇高的价值理念引导、匡正科技实践活动，有利于实现对人类和动物都负责的科技创新。另一方面，这也表明我国在国家战略的顶层设

① ［英］阿拉斯代尔·麦金泰尔：《现代性冲突中的伦理学：论欲望、实践推理和叙事》，李茂森译，北京：中国人民大学出版社2021年版，第22页。

计方面开启了面向人与自然生命共同体的治理方案。重视动物权利运动的实际诉求，切实关注动物福利，有助于消解一直以来国际社会对中国在动物权利方面的误解与指责，从而避免动物利用的伦理问题成为西方对中国科技活动的又一“卡脖子”问题，也能为提升中国科技软实力和话语权创造条件。

二、治理模式：从“结果导向”转向“全过程治理”

长期以来，无论是基础科学还是应用科学，我国科技总体水平与世界科技先进水平都差距较大，因此在科技治理模式方面，也一直以提升科技水平为主，对新兴技术产生的伦理问题关注甚少。这种治理模式在学术界常常被称为“做了再说”“先做事、后讨论”或是“亡羊补牢”模式。无论是哪一种说法，其实质都是一种“结果导向”的被动治理模式，除非产生重大负面后果，否则不去干预科技工作。这种“结果导向”的治理模式在不断提升科技水平的同时也引起诸多伦理风险和安全隐患，近年来爆出的重大公共伦理事件也都是在这种治理模式下产生。在涉及动物利用的科技活动中，这种“结果导向”的被动治理模式更为普遍，原因是多方面的。一方面，对动物而言，它们无法为自己的地位和处境发声。另一方面，对人类而言，动物在科技活动中的角色通常是工具，而不是参与者，人类在追求自身利益的过程中，常以科技进步具有绝对道德正当性为由忽略动物生命权利和道德地位。再者，科技工作者对科技伦理与动物伦理的熟悉和重视程度因人而异，对动物抱持工具理性的态度在科技界是较为常见的，也是被公众默认的。

当中国科技界在技术层面逐渐缩小与世界先进水平的差距，甚至在很多领域已经达到世界先进水平并成为众多领域的开拓者和引领者时，“结果导向”的被动治理模式已经不适应当代中国科技发展的要求，需要转换为更为积极、主动、全面的治理模式。对此，《意见》中也有很清晰的表述：“将科技伦理要求贯穿科学研究、技术开发等科技活动的全过程。”可以看出，在国家科技战略层面，科技治理的模式已经有了新的要求和布局，需要从被动治理的模式转向“全过程治理”的主动治理模式。如果一直停留在“结果导向”的被动治理模式，诸如贺建奎“基因编辑婴儿事件”的问题仍会发生，这不仅有损我国科学家的国际形象，更为严重的是在国际舆论压力下，科技成果及其造成的社会影响会受到误解和质疑，科技进展也会因此遭受实质性阻碍。另外，在国际社会中，科技强国的地位并不仅仅取决于技术层面的进步和领先，还与科技治理的价值导向、治理模式息息相关。采取“全过程治理”的科技伦理治理模式将有助于走出“亡羊补牢”的治理困境，形成与社会价值需求相匹配、能及时预警伦理风险并及时采取措施降低伦理风险的敏捷治理模式，提升国家科技治理能力和国际科技地位。

在涉及动物利用的科技活动领域，随着全球动物权利运动的发展和科技伦理的进步，单纯“结果导向”的治理模式因其过于人类中心主义的价值倾向，缺乏对科研活动伦理风险进行辨识、预警和纠错的能力而亟需改变，需要按照《意见》要求，将科技伦理和动物伦理要求贯穿科技研发与生产的全过程，从源头到科技应用终端、从人类到动物、从生命到生态，都需要进行伦理关注和主动治理。在生态伦理不断发展的背景下，非人类中心主义的价值追求与对待动物采取传统工具理性的态度之间的冲突日益紧张，技术发展对动物资源、自然环境的影响日益增大，更需要采取“全过程治理”模式，将涉及动物利用的科技活动始终约束在一个安全可控、公众可接受的范围内，确保科技活动不仅对人类负责，也对动物和自然界负责。

三、治理范围：从“单领域治理”转向“多领域治理”

在现有涉及动物利用的科技活动中，真正实施伦理治理的领域仅局限于动物实验领域。实验动物作为特殊的动物群体，在诸多科学研究中是不可或缺的实验载体和条件，特别是在生命科学研究当中起到至关重要的作用。随着动物权利运动的发展，人们逐渐认识到实验动物作为人类的“替难者”，它们为人类健康事业承受各种痛苦，并最终付出生命的代价。人类不能漠视或忽略实验动物的这种付出和牺牲，也早已无法再将笛卡尔“动物感觉不到痛苦，动物的痛苦不过都是由于肉体的、机械的动因”①的机械论作为动物实验行为的挡箭牌，而是要求关注实验动物福利，给予实验动物享受或完成其生命的一般待遇和乐趣。

在动物实验领域，国内最具代表性的伦理治理实践是国家科技和卫生主管部门组织大批实验动物科学工作者和医学、生物学专家等相关人员制定了一系列实验动物福利方案及技术规范，并成立了实验动物管理与使用委员会（Institutional Animal Care and Use Committee，IACUC），负责进行实验动物的伦理审查，确保实验动物福利得到保障。在实验动物福利方案及技术规范方面，具有代表性的是《实验动物管理条例》（1988）、《关于善待实验动物的指导性意见》（2006）、《实验动物福利伦理审查指南》（2018）等由国家部委出台的相关方案和技术规范，以及由地方政府主管部门推动的实验动物福利相关技术规范。在学术界，最具代表性的研究成果是贺争鸣等主编的《实验动物福利与动物实验科学》一书。该书结合我国实验动物科学发展水平和生命科学研究对实验动物的需求，深入探讨了在我国在目前条件下维护实验动物福利、开展动物实验伦理审查和推动动物实验替代方法研究与应用的总体思路、基本原则、运行方式和考虑要点等，是我国第一部全面系统介绍实验动物福利、动物实验伦理和替代方法的学术著作，对我国实验动物福利的提升和动物实验科学的发展具有重要的推动作用。

然而，除动物实验领域外，在广泛的科技活动中，还有异种移植、动物药生产等领域涉及大量的动物利用，并且这些领域的动物利用也存在较多伦

① ［澳］彼得·辛格、［美］汤姆·雷根编：《动物权利与人类义务（第2版）》，曾建平、代峰译，北京：北京大学出版社2010年版，第18页。

理问题，同样也需要伦理治理的介入。但在这些领域的实际操作过程中，系统的伦理治理几乎是缺失的，只散见一些学术讨论和伦理治理个案。例如，在异种移植领域，雷瑞鹏曾指出异种移植技术实施过程中使用动物的伦理问题，特别指出在异种移植领域需要注意几个特定的难题：（1）是否原则上可以把这种实践（把动物用作人类器官或组织的供源）看作是道德上可接受的；（2）在异种移植中使用灵长目动物作为移植物供源的伦理上的可接受性；（3）使用基因修饰动物作为异种器官移植的供源所引发的伦理问题。①尽管当下的异种移植技术在临床还未普遍施行，诸多技术还在实验研究当中，但异种移植与一般动物实验显然不同，在试验阶段过后，将广泛应用于临床。因此，对于这一领域动物利用的伦理问题及其相关治理方案也需要作特别的考虑，不能简单照搬动物实验科学中的实验动物福利和伦理治理方案。在动物药生产领域，笔者曾指出动物药生产环节中的伦理问题常常被忽视，特别是在我国，中医药产业中的动物利用伦理问题特别突出。一方面，历史悠久的传统中医药事业是不同于西方国家的特殊国情，动物药是中药资源非常重要的组成部分，占全国中药资源总数的12%，对我国人民健康和国民经济发展都有着不可否认的重要作用。另一方面，一直以来国际社会对中医药产业利用动物存有争议与批评，认为中医药产业利用大量野生动物入药会加剧自然资源承受的压力，并且对诸如“活熊取胆”式的利用方式也提出了强烈抗议与反对，进而要求限制中医药产业对动物的利用，并且在国际贸易中设置各种以“动物权利”“动物保护”为口号的贸易壁垒，使得中医药产业在迈向国际市场的道路上举步维艰。中医药科研事业也常常因为动物伦理审查制度的不完善遭遇国际学术交流壁垒，进而影响中医药事业正常发展。因此，要突破这两个关键壁垒，就需要将中医药产业中动物利用的各

① 参见雷瑞鹏：《异种移植——哲学反思与伦理问题》，北京：人民出版社2015年版，第148—155页。

个环节都做到让该行业的国内外专家认可和接受，建立生产环节的动物伦理审查机制是破除这两大壁垒的可能解决方案。

由是观之，在国家把科技伦理治理作为一项国家治理战略的背景下，仅仅针对动物实验领域进行伦理治理是远远不够的。为了适应新的国家战略要求，需要突破动物实验这一单领域的治理范围，在多领域实施治理，即凡是涉及动物利用的科技活动都有伦理治理的介入，从而实现不仅对人类负责任，也对动物和自然生态负责任的科技创新与发展。

四、治理原则：从“3R 原则”转向“六项原则”

《意见》中所提“减少、替代、优化”（Reduction、Replacement、Refinement）的要求，学界通称“3R 原则”，来源于威廉·拉塞尔（William Russell）和雷克斯·伯奇（Rex Burch）所著，1959年出版的《人道主义实验技术原理》一书。①作为涉及动物利用的伦理治理基础性原则，3R 原则发挥了重要作用，但仍在治理层面存在一些不足：第一，3R 原则提出时间较早，距今已有60余年，且只针对实验动物提出。但当代科技已经迅猛发展，而且科技活动中除实验动物之外，还有移植动物、生产动物等不同用途的动物利用方向，3R 原则已不能全面指导当代科技活动中的动物利用行为。第二，3R 原则是一种较为泛化的方向性伦理要求，在动物用量、物种选择、使用方案等方面均未有具体规范化的要求和明确的伦理边界，建立在该原则上的实验动物伦理审查常常流于形式，实际效用极为有限。第三，3R 原则仅仅是前置性的伦理要求，在治理层面还需要伦理审查、追踪、问责，以及宣传教育等后续性的机制保障。除此之外，近些年当代政治哲学和生态伦理学对动物权利问题的前沿研究也未能在该原则之中体现。2020年，比彻姆

① William Russell，Rex Burch. *The Principles of Humane Experimental Technique*. London：Mehuen & Co. limited，1959.

（Tom L. Beauchamp）和德格拉齐亚（David DeGrazia）提出的动物研究伦理"六项原则"涵盖了社会效益和动物福利的道德考量，相对3R 原则而言，"六项原则"已经初步显示出在涉及动物利用的科技伦理治理层面的理论优越性。有学者认为，"新原则的核心贡献在于融合了科研研究与动物福利的双重取向，通过逻辑递进、相互关联的原则设计来提高动物实验的道德性，同时通过实验质量的提高来减少实验成本，并预防动物疫病、人畜共患病与其他风险，能够与我国未来实验动物立法的方向构成衔接路径，提供理念与方法的指引"①。这一评价无疑综合了科学研究、动物福利、伦理治理与法律治理的复合立场，既表明了现行3R 原则需要被更新、升级为更完善的新原则，也指明了"六项原则"作为新原则的可能性和优势。但也应当认识到，作为国家在涉及动物利用的科技伦理治理方面的顶层设计，新原则还需要深入的探究和论证，特别是论证这些原则能否适应我国具体国情和未来科技事业发展需求。《意见》在治理要求的第四点专门提出"立足国情"的要求，即立足我国科技发展的历史阶段及社会文化特点，遵循科技创新规律，建立健全符合我国国情的科技伦理体系。如果将"六项原则"作为弥补或替代"3R 原则"在涉及动物利用的科技活动治理方面的新原则，就需要根据《意见》精神，立足国情，特别是立足我国中医药产业中大量利用动物入药的特殊国情，以及对待动物方面"正德、利用、厚生、惟和"（《尚书 · 大禹谟》）的儒家传统文化，使新原则成为符合我国国情和科技事业发展需求的伦理原则和伦理规范。

五、完善涉及动物利用的科技伦理治理保障机制

伦理规范属于非强制性的，从治理角度而言主要起引导作用。在现代社

---

① 苏达、高利红：《实验动物伦理新原则的框架分析与我国相关立法发展方向》，《中国比较医学杂志》2022年第11期，第111页。

会中，为确保治理有效，还需要以法律法规形式确定对涉及动物利用的科技活动进行伦理审查和监管、对涉及动物利用的科技活动进行伦理风险评估与预警、对违反科技伦理和动物伦理的失范行为采取法律问责，并执行、加强面向全社会的科技伦理和动物伦理的教育与传播等一系列保障机制作为治理抓手，来支持或保障伦理治理的执行和效果，从而实现敏捷治理。

具体而言，在伦理审查方面，目前在我国，生物医学相关的科研院所已经建立起较为完备的实验动物伦理审查机制，但在生物医学相关的科研单位之外，特别是对涉及动物利用的企业的伦理审查和监管几乎处于真空状态，而最容易出现重大公共伦理事件的也正是伦理审查和监管缺失的地方。从治理角度而言，需要建立不同层级或不同对象的伦理审查机构对涉及动物利用的科技活动进行伦理审查，以实现机构审查、区域性审查的全覆盖审查条件。在全覆盖审查条件的建立环节中，如何实现对涉及动物利用的科技研发与生产企业的伦理监管，切断对违反伦理的企业科技研究和应用项目的支持，是当务之急。

对涉及动物利用的科技活动采取及时有效的伦理风险评估与预警是科技伦理治理的重要内容之一，从治理流程来看，这一环节的实施应当与伦理审查和监管是步调一致的。《意见》在明确科技伦理原则的内容中也明确提出“合理控制风险”的原则：“科技活动应客观评估和审慎对待不确定性和技术应用的风险，力求规避、防范可能引发的风险，防止科技成果误用、滥用，避免危及社会安全、公共安全、生物安全和生态安全。”涉及动物利用的科技活动对应的安全问题通常在于生物安全和生态安全。在对涉及动物利用的科技活动进行伦理审查和监管的过程中，如果发现不尊重动物生命权利、虐待动物、无法保障动物基本生活条件和动物福利的科技活动，或发现利用动物进行各种后果未知、可能对人类基因池或生物安全与生态安全造成不可逆破坏结果的前沿生命科技研究与应用，应当建立及时有效的伦理风险预警和管控机制，必要时应明令禁止这类科技活动。

在法律问责和执行方面，我国目前尚无专门的实验动物立法。涉及动物利用的现行法律主要有《中华人民共和国野生动物保护法》《中华人民共和国渔业法》《中华人民共和国动物防疫法》《中华人民共和国进出境动植物检疫法》。这些法律的设立目标是保护野生动物，拯救珍贵、濒危野生动物，维护生物多样性和生态平衡，推进生态文明建设，本质上仍是基于"保护性利用"的理念。《意见》明确指出"尊重生命权利"，这既是对科技伦理治理提出了新的价值导向，也为未来我国实验动物立法的发展方向提供了新的思路，即"保护性利用"的理念需要转换、升级为"尊重生命权利"的理念。只有在更高的价值追求和理念指引下，动物保护立法工作才能有实质意义上的改变和推进。

在伦理教育与传播方面，《意见》作为国家层面颁发的指导性文件，对涉及动物利用的科技活动的价值导向和治理要求是相当明确的。然而，治理的主体是多元化的，并不能仅仅依靠关注并熟悉该文件及其精神的伦理专业人员，还需要政府部门、科研院所和涉及动物研发与生产的企事业单位以及公众共同参与。虽然科技伦理、动物伦理在当代社会中的重要性已不言而喻，在学术界也得到充分重视，但是普通民众对这些问题还很陌生，不仅没有形成清晰的概念，有的甚至闻所未闻。因此，还需要通过伦理教育和科学传播的方式，让公众了解上述各个层面的价值追求和伦理原则，熟悉这些价值理念、原则和规范等治理要素，并将之内化为治理主体的道德实践，从而实现有效的科技伦理治理。

自由阐述

边尚泽：关于科技的动物利用的伦理问题关键在于科技而不是动物利用。因为在动物利用方面，军犬是一个非常成熟且理性的例子，说明即使在一些高危情态下，人们对动物的利用依然可以处在一种理想状态之中，所以更多的问题在于科技本身的状态而不是动物利用。此外，我认为对动物利用的价值倡导的关键在于对生命的尊重，任何关于动物使用的伦理原则条例本质上都是在强调其他物种的生命依然是一种具有价值的存在，即便要对其造成损伤，也要保有对生命足够和充分的感情。但生命本身的内涵是需要发掘的。从生物学的视角看来，个体是生命，但是种群乃至生态系统都可以被视为一个具有内部一致性的生命。跳出个体视野局限，保全某个种群的利益在我看来是相对可取的。并且如果愿意再往上一层的话，那么会发现其实人和动物都是生态系统的一个部分，这样人和动物存在的差异和利益的冲突就可以一定程度上被消解。个人看来其实自然界有着相当成熟的“伦理范式”，比如虽然动物会相互捕食，但绝对不会为了某种跟生命本质无关的欲求而去滥杀其他生命。这种自然规律之中其实有一定的对生命的尊重之情。例如，如果人为了开发某个美白产品而要以一万只小白鼠的生命为代价，这就是一种极为不尊重生命的使用方式，因为美白本身并不牵扯任何对生命实质的影响，这样的利用就是不合适的。因此如果认为人和动物应当以某种具有应然性的和谐方式相处的话，那么实际上就是在以一种生态系统的视角反思人和动物的关系。那么在我看来，直接套用自然界已有的生态系统中物种之间相处的方式，将其作为一个基本的底线就是可能且必要的。

焦金磊：当今天我们在讨论动物伦理的时候，我会思考实验动物福利伦理审查的合理性。动物福利和人类福利是两个方面，有一定的交叉但并不相同，而后我审视了动物伦理，无论是人类中心主义的还是非人类中心主义的，都充斥着人类的身影，动物并不能参与其中。对此，我十分悲观，会进一步思考伦理到底能否带给我们更好的解决方案或者思想指向。

陈佳庆：我们之前有一期工作坊曾经讨论道德主体扩展到动物是否可能的问

题，在那期我们基本达成了要对动物进行道德关怀的共识。但是从伦理治理的角度出发，在人类利用动物的时候实现一定的道德关怀，这听起来就很困难。我想到可能出现的三个问题，第一是在利用动物进行科学实验的时候，可能出现的问责制度不完善的问题。2018年出现的贺建奎基因编辑事件暴露了类似的问题，即作为一项在高校进行的国家科研项目下的医学实验，它同时涉及科技部、教育部和卫健委等多个上级部门，谁来监管、谁来负责在当时是不清晰的，所以这个事件直接催生了《涉及人的生命科学和医学研究伦理审查办法》。这是四部委联合印发的，而动物实验领域可能还要牵扯到更多的上级部门，是否也要出台类似的伦理审查办法？第二，我们强调伦理治理一定不能老是落后于科技发展，要做到伦理先行，但事实是这能否真正实现仍然存疑。自然科学领域的一线科研人员伦理意识是很淡薄的，因为科技伦理教育在高校人才的培养过程中是缺失的。第三，现行的一些法律中，伤害国家保护动物的最高刑是高于人类的基因编辑和拐卖妇女儿童的最高刑的，这是不是伦理治理过程中的一种本末倒置，过分抬高了一些动物的地位？

沈洁：在科技发展的过程中，从3R原则到六项原则，从实验动物到动物利用，目前的我们依旧离不开利用动物促进发展的做法，但还是应该加强对动物利用的思考。人如何对待动物，不仅反映了人对世界的认识，也表明了人对生命的态度。我了解到比格犬是国际公认的唯一实验犬犬种，在医疗、日化、医美、学术、科研等领域都有比格实验犬的贡献的身影，比格实验犬成全了人类的美好生活。我关注了一个微信公众号“比格公社”，它专注国内比格实验犬的领养救助，力图改变比格实验犬的现状境遇，一定程度上让比格实验犬回归宠物犬的身份。正如彼得 · 辛格（Peter Singer）所认为，所有个体所受的痛苦都应该平等地被纳入考虑，痛苦应该尽量被避免和最小化，我们应该向着所有个体所受痛苦的总和减小的方向努力。现实生活中有“比格公社”这样的组织存在，可以表明动物不仅是实验对象、利用工具，更是动物本身。

赵子涵：从人类与动物在生物属性与社会属性上的差异、人类与动物在生态系统中的价值与价值秩序、人类与动物之间权利和义务关系三个角度，我认为人与动物利用之间有道德正当性关系。在人类对待动物的理念和行为上，道德不仅体现为关心爱护动物，也体现为在合理范围内寻求和关心人类自身的利益。但是，要以目的正当性、手段正当性、结果正当性作为动物利用的道德正当性评价标准，以人类生存原则、人类基本利益优先原则和人类有限发展原则作为动物利用的伦理边界，尤其是有限发展原则，讲究有度。

人对于动物应当多一些关怀伦理，而且一个人在生活中接触动物、对待动物的态度也能反映这个人是否拥有健全的人格和善良的心理，恻隐之心和敬畏生命的态度是不可或缺的。

乐观来看，动物利用也未必全是伤害动物，也可能是某种保护，如免于饥渴等；动物实验是有科学价值的，而且不仅仅是对于人类而言，某些领域也会对动物有益，如一些疫苗的研发。从现在的社会环境来看，动物实验是不可或缺的，暂时也无法替代，但是这样就更需要规范化的监管。动物利用不是不可以，但是一定要有相应的不局限于伦理道德的规章制度来约束，而且这种约束要贯穿动物实验的全过程。尤其后续也要有持续的监管，要做到规范有度有序。监管也不必完全局限于相关的部门，社会民众、舆论也可以起到一定的监督作用。

张萌：我觉得我们今天主动讨论动物利用的伦理问题，不仅意味着我们人类更加文明了，其实也可以算是“动物驯养人类”的结果。正是在跟动物“打交道”的过程中，我们产生了考虑动物权利和动物伦理的想法，也正是在考虑这一问题的时候，我们把我们自己纳入了动物和人共存的框架。基于此，对于动物利用的科技伦理治理问题，我们可以考虑针对不同动物社群与人类的关系来赋予动物不同的身份，既考虑对动物的保护，又满足人类利用的需求。

吕雯瑜：从现实角度出发，在科技与社会视角下存在着动物利用与动物权利的冲突问题，这也是动物权利不可回避的现实困境，所以动物权利所面临的困境包括理论、科技技术与社会三个方面。

在理论方面，动物权利的争论主要表现在对“权利主体”和“权利来源”的争论。一般情况下，人们认为无论是生命主体还是权利主体，都无法直接应用于动物身上。事实上，基于动物保护的目的而提出的动物权利观点来源于人类的“同情”，它是以人类的道德关怀为切入点的。然而这一主张与权利概念本身产生冲突。从法学角度来讲，权利自始至终都是以人类为核心，这就使得动物成为权利主体陷入理论困境。“权利来源”认为只有人这一物种才能拥有权利，动物的内在价值确实意味着我们有保护动物的义务，但是并不意味着动物能够拥有权利。在科学与技术方面，人们主要从实验动物与基因动物两个方面探讨。实验动物被用来模拟人类和其他动物的病原体宿主以开发新的药物产品、生产疫苗。根据目前的知识和可用技术，在特定的研究领域中，不可能通过替代来完全放弃动物体内测试方法。因此，在科学研究中使用实验动物是一个基于法律、道德和伦理评估的亟需讨论的问题。一些人反对直接干预动物的遗传特性，因此，基因工程引起了许多反对意见，即基因工程不能对动物健康和福祉造成负面影响。另外，还有人认为该技术在针对物种之间的界限上是违背自然的。在社会方面，动物权利论者反对动物利用的主要领域是动物实验和动物工厂。在动物权利论者看来，这种工业化体系确实侵犯了动物的利益和权利。但是，与动物利益相比，人类更加关心的是人的权利。当利益有冲突时，非人类的动物有一定的道德地位，但人类在道德上是更优越的。

陈欢：对于人类社会进步来说，科学实验中的动物实验是不可或缺的，科技伦理治理作为动物福利和权利问题上的一种弱理论治理工具，侧重点更多在于防止科技前沿发展中涉及违背人性的伦理问题的发生。比如部分科学实验为了人类社会进步或为追求效益而突破某些伦理限制（在一般情况下通常是涉及违背普遍的人性法则），因不符合人类社会的道德直觉和判断而被制止，其中所涉及的伦理问题在伦理学家看来是有待商榷的，而长期从事这个行业的人员却可能认为某种科学活动是正常的，或可以为了利益而突破某种伦理规定。当然道德与伦理理念也要随着社会与人类认知而革新，问题在于重视和尊重生命权利、注重公正、发挥伦理治理的规范性和约束性这些原则在实际工作中难以权衡和落实。比如在实际操作和程序中，更多的评判价值在于考虑利益、考虑实验动物带来的成效，大量的动物实验仍然没有从生命本质上看待作为客体对象的动物。对于人类中心主义者或为了完成实验项目的实验操作者来说，在每一个具体的需要实验动物的情境下，他们更多是自然而然地将动物视作实验过程的一个步骤、一个必须完成的实验环节，而不会主动强调其生命特性。实际操作者在实验之中难以公正而切实地去评估一个本身健康的实验动物的死亡与实验效果之间的价值，更难以去要求未直接操作的其他人员能够意识到动物利用过程中的伦理及其治理问题。在实验失败或是无效的结果中，动物付出了完整的生命或受到其他影响，而人通过动物实验获得了某一个科学的结论。人类的科学实践活动不可避免，人在现阶段必然要尽最大的可能去完善科学伦理治理制度和规则，以达到好的治理和善的治理目的。反过来说，仅仅一些实验遵守原则是不够的，且这种做法是单方面的，科学伦理治理过程和目的必须是负责任的、周全的、符合人类福祉的，在此基础之上的实验活动才能最大程度地接近以动物作为科学利用对象的道德合理性。

陈宇：我个人认为动物利用这个问题用上了“利用”这个词，就没有什么伦理可言。目前的动物利用主要集中在食用、表演观赏和医学实验三个方面，从伦理视角看，食用和表演观赏这两方面的主要争议在于动物利用过程中是否使得动物遭受较多的痛苦，在医学实验上虽然有伦理审查，但为了满足实验需要，仍会使动物遭受痛苦。以食用为例，倘若不能以鲜活状态来烹饪，食物的品质将会大打折扣，但是要在这上面讲伦理的话，又觉得差点意思。

张晨：我认为动物利用伦理治理的未来是比较乐观的。不过，我们可以看到公鼠怀孕等违背动物伦理的实验时有发生。一些动物实验缺少人性精神，即实验者没有从心理上、思想上尊重实验动物的生命，实验过程缺乏科学性和严谨性。这反映出伦理审查存在缺位以及相关法律法规亟待完善的情况。从伦理治理的角度而言，我们应当尽可能多方位、全过程地进行伦理治理，更加规范地、能动地发挥伦理审查委员会的积极作用。不过，除了把伦理审查作为制度保障，根本上还需要通过伦理教育，使动物伦理内化于相关科研人员的思想，引导相关人员尊重动物、敬畏生命。同时，国家有关部门还应当结合我国实际情况，以3R原则为参考，制定更具操作性的伦理指南，切实提高科研人员的伦理意识。此外，国内期刊也可效仿国际医学期刊编辑委员会等多个组织和众多国际期刊把《动物研究：体内实验报告》（*The Animal Research: Reporting of In Vivo Experiments*）指南纳入审稿要求的做法，明确要求投稿人提供动物实验的伦理审批号，强化对实验全过程的伦理评估要求，从第三方角度维护动物福利。总之，动物实验是生命科学研究和人类医学发展的推进剂，在现代生物学研究中不可替代。动物利用虽然具有一定的道德正当性，但是我们必须警惕和防范不科学、不合理、不道德的动物利用。在道德仁慈与科学研究两者中，我们应积极寻求新的平衡点，让动物福利、科学发展与人类健康三者共赢。

主讲人 问题回应

我想回应一下之前提到的动物社群，还有人性和动物性的问题。动物性也是人性的一个部分，正如亚里士多德就有这方面的讨论。动物社群方面，其实现在有很多社群论强调动物的公民身份。国外以金利卡（Will Kimlick）为代表的学者从政治哲学的视角去讨论了动物社群相关理论。国内山东大学郭鹏老师他们在这一块做了比较多的研讨工作。他们曾在一个关注动物伦理的微信群里提出一个有趣的问题：社区里的流浪猫算不算社区的成员？有的人认为应该算，还有的人提出给它们取名“社区猫”“自由猫”等有趣称呼，甚至还有老师在群里提出赋予“自由猫”自由意志的观点。这些讨论的观点当然并不能为所有人接受，但至少是一种尝试。这就回到动物权利的讨论中了，权利话语本身也包含了一种对责任义务的考量。我个人也欣赏非人类中心主义立场的那些理论，特别是雷根（Tom Regan）对动物权利的论证。我认为他作出了很重要的贡献。但雷根自己也说过，动物权利论的理论就像一艘小船一样，不知道将来会飘向何方。如果能通过一些理论把动物权利论往前推进，或者说能为动物谋得更多的道德地位，我认为都是非常有意义的工作。

评议人 总结点评

张燕老师带来了我觉得特别有意思的话题，大家也在这个话题上有很多的话要讲，碰撞也很多。张燕老师的这次讨论和之前相比，也有一些变化：之前更多是在动物权利问题上，这次主要在动物利用的伦理治理上。我自己一开始在想科技活动这个问题的时候，我想科技发展的潮流是不可阻挡的，没有人会愿意回到科技不发达的时代中去。但是在科技活动发展的过程当中，一定会出现各种各样的问题。从20世纪开始这些问题就已经越来越严重了。那科技活动的治理手段有哪些？在这一点上要提醒大家的是，有同学很悲观地认为伦理治理没什么用，其实我觉得不是有没有用的问题，而是我们一定要首先认识到它的有限性。实际上，我认为在今天这个时代，对某一个活动的治理手段，首先必须要考虑法治手段。如果我们要去治理科技活动的话，首先一定是要有法律的控制。比如野生动物保护法，它就规定了什么样的动物不能用，它提供了一个底线。法律的治理，往往是最直接、最有效的治理，在法律的威慑之下，人们就不敢去做不好的事情。除开法律的作用，就是伦理的作用。我个人认为，伦理起作用是有很多机制的。比如说今天科技活动越发成为市场活动中的重要组成部分。很多科技应用都是市场化的，那在市场化的情况之下，一个对市场行为最好的调节手段就是经济手段。当我们觉得这个东西不该被更多地使用，应该受到限制的时候，其实就可以提高成本，减少收益。比如说某个动物不该被这样利用，就让成本提高，让利润变低，这个东西利用的可能性就下降了。此外的治理手段，我觉得就是技术手段本身。当一个新技术产生问题的时候，确实很快就会出现迭代，新兴的技术出来以后会限制它。我之前在有次课上说过，当我觉得自动驾驶会出现问题的时候，我发现自动驾驶本身有一些技术已经把我想的问题都解决了。但我们也必须看到，这些手段永远无法解决科技活动当中所有的问题。在大量的科技活动手段解决一些问题并且已经发挥作用的时候，还是有些问题无法解决。这个时候我们必须看到伦理治理。在科技活动当中，我们要认识到它的有限性，但同时也要认识到它的重要性。因此从这个意义上讲，我既是一个悲观主义者（作为一个做了这么多年伦理学教育研究的工作者，我认为伦理不是能够被放大为这个社会当中最重要部分的东西），但同样也是一个乐观主义者。我认为伦理学，尤其是应用伦理学，有巨大的发挥价值的空间。从科技活动这个问题来看，我既不赞成伦理至上，好像伦理是一个引领者，没有伦理就什么都不要做，全要靠伦理学家来指挥科技活动（我觉得这样就过高看待了自己的作用），但是反过来，我们也不能把伦理变成一个小工具，不能说科技出现了问题，伦理要从工具视角来服务于科技，让它发展得更好。我觉得都不是。就是伦理既不要成引领者，也不要工具化，伦理和科技应是平行的关系。应用伦理它不是伦理学和其他学科的简单结合——某个学科不能解决这个问题，就再加上一个伦理来试图解决——而是自我在内部产生交融，这样一种内在机制。从科技活动来讲也是这样，伦理必须要嵌入科技活动。张燕老师说的伦理先行，是不是说伦理完全外在于科技活动？我觉得不是。因为在伦理先行的过程当中，需要研究伦理学的人和研究生命科学的人共同探讨，绝对不是伦理学的专家来说这个行、那个不行，它是一个开放式的探讨。为什么大家都用小白鼠来做实验？因为它的基因跟人类是比较相似的，所以小白鼠才被大量用在医学实验上。一个动物为什么会被利用，其实应该获得各方面的正当性辩护。因此我觉得，我们今天的讨论不仅是对动物这个话题的延续，更是在科技伦理治理的新背景下，对这个问题的一个拓展。它不仅是一种传统，一种朴素的动物保护意识，更是一个前沿科技活动当中出现的问题。我们虽然有了大量的技术前沿手段，但是仍然存在着法律的手段、经济的手段、科技的手段都难以去真正解决的一些问题，而这正是我们伦理学需要进入的空间，也是能发挥巨大作用的地方。

第六期　地理信息系统与中国乡村道德研究*

主讲人：胡迪
主持人/评议人：王露璐
与谈人：王璐、吕雯瑜、张萌、沈洁、陈佳庆、
张晨、边尚泽、岳玲玲、赵子涵

背景介绍

通过在国家社科基金重大项目“中国乡村道德的实证研究与地图平台建设”的推进过程中与课题组成员的交流，我认识到跨学科研究必须要跨出去，真正进入另一个学科去思考和研究，把地理信息系统的基本知识用于乡村道德研究中。尽管之前我已经和考古学、历史学的学者进行过跨学科的合作与交流，但地理学和乡村道德的结合对我来说仍然具有挑战性，需要持续推进。今天，我主要从地理学与地理信息系统是什么、地理信息系统之于中国乡村道德研究的作用和意义、中国乡村道德地图平台设计和研究展望四个方面来阐释我对地理学与乡村道德跨学科研究的理解。

主讲人 深入剖析

对于地理学与地理信息系统是什么的问题，我们首先需要理解什么是地

* 本文由南京师范大学公共管理学院硕士生范向前根据录音整理并经主讲人胡迪审定。

理学。在回答这个问题之前我们来看看什么是地理。地理是地球表层的地理现象或事物的空间分布、时间演变和相互作用规律。世界上80%的信息都和地理相关，乡村道德也是如此，两者的结合也必须从空间分布、时间演变和相互作用规律三个方面实现。中国地理学会前理事长傅伯杰院士提出，地理学是研究地理要素或者地理综合体的空间分异规律、时间演变过程和区域特征的一门学科。①其中，地理要素通常包括水、土壤、大气、生物和人类活动，简称水、土、气、生、人五大要素，由这些要素构建成地理综合体。在自然界中，一个自然地带、一个生态系统或一个区域，都可以称为地理综合体；在人文或人类社会中，一个城市、一个村庄或者一个街区也可以称为地理综合体，综合体就是水、土壤、大气、生物和人类活动组成的整体。图1②展示了地理学的研究范式的变迁、研究主题和研究方向的变化。在改革开放初期，地理学要为国家经济建设服务，应用于经济区划或者资源分区，从而有利于国家进行针对性的开发。在基础描述性知识的基础上，地理学继续发展，进而关注空间格局与过程，服务于国家资源的可持续利用、开发、调控，以及生态系统建设。现在的地理学正在朝着更加复杂的方向发展，通过地理模型模拟人地关系的耦合和要素的相互作用。伴随着研究范式的变迁，研究方法也进一步发展：最初是做一些调查与制图、观测与空间分析，现在更先进的方法是地理模拟，类似于数学模型，它能实现地理预测。

地理学的特点是综合性、区域性和动态性。综合性是指，地理学的研究对象——地球表面是一个多种要素相互作用的综合体，并且地理学研究各要素之间的相互作用、相互联系以及地理综合体的特征和时空变化规律。另外，地理学从其他学科中吸取有关要素的专门知识，反过来又为这些学科提供各种要素及其与其他现象间联系的知识。比如水文与水资源学、土壤地理

---

① 参见傅伯杰、冷疏影、宋长青：《新时期地理学的特征与任务》，《地理科学》2015年第8期。

② 傅伯杰：《地理学：从知识、科学到决策》，《地理学报》2017年第11期。

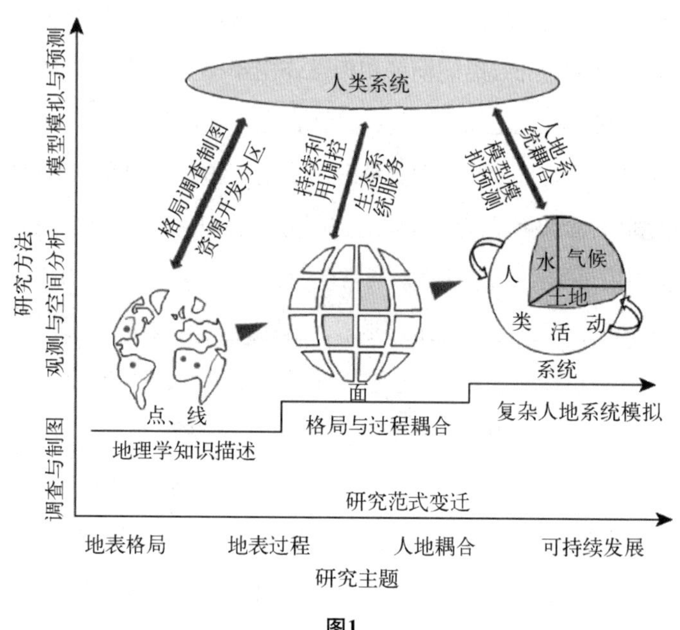

图1

学、气候与气象学、生物地理学，以及汉语方言地理学等地理学的人文分支学科。从这个方面来说，伦理学和地理学的结合是否可以形成伦理地理学这一分支学科？这需要我们进一步考虑。区域性是指，地球表面自然现象和人文现象空间分布不均匀，一种要素在一个地区呈现出的变化规律在另一个地区可能完全不同。我相信中国乡村道德的分布状况应该也是这样的，而且在不同的区域应该既具有相同的特征，又具有不同的特征。地理学需要研究不同区域内部的结构，包括不同要素之间的关系及其在区域整体中的作用、区域之间的联系，以及它们之间发展变化的制约关系。关于社会学的调查方法，我认为调查始终是有限的，想要揭示全中国的道德状况是很困难的。地理学中有一条著名的胡焕庸线，在这条线的东南侧聚集了我国的绝大部分人口，在西北侧聚集了小部分人口，这一现象至今没有本质上的改变。我国的沙尘暴分布也是呈现南北分异的局势，并且这一局势是动态变化的，这也体现了地理学的第三个特征——动态性。比如具有区域特征的沙尘暴为什么会从北方影响到南方，这是因为大气的运动，这就是动态性。地球表面是不断变化的，无论是自然地理现象还是人文地理现象都是不断变化的。现代的地理现象是历史发展的结果和未来发展的起点，地理学需要研究不同发展时期和不同历史阶段地理现象的发生、发展及其演变规律，并对未来作出预测。地理学研究既注重空间分布，也要注意时间变化，时间和空间统一的观念在地理学研究中越发受到重视。我们乡村道德的现状不仅是历史发展的结果，而且是未来发展的起点。我和历史学的学者交流的时候，他们认为，将研究的时间尺度拉长，能够从历史的发展看待现在的研究。南京师范大学的虚拟地理环境教育部重点实验室的一个重要思路就是“反演过去、模拟过程、预测未来、揭示规律”。

什么是地理信息系统？地理信息系统（Geographic Information System，GIS）是采集、存储、管理、分析和显示有关地理现象信息的综合性技术系统。地理信息系统技术也体现在我们的乡村道德地图中，关键是我们怎么去理解其中的地理现象和地理信息。地理信息系统是计算机技术与地理学相结合的产物。技术的背后是地理学原理的支撑，比如遥感影像，就是卫星在天上拍的照片，从数学的角度来看，就是一个二维数组，但是从地理学的角度来看，它具有特殊的含义。地理信息系统以一种新的思想和新的技术手段来解决地理学问题，虽然地理信息系统本身有自己学科的研究问题，但更重要的是用它来解决地理学的问题，就是地理事物或现象的空间分布、时间演变和相互作用的规律。地理信息系统使地理学在研究方法上实现了一次质的飞跃，对地理学产生了巨大影响，使地理学从传统的定性描述走向定量分析和定位分析。在我看来，对于地理人来说，地理信息系统＝技术＋工具；对于非地理人来说，地理信息系统＝地理＋（技术＋工具）。

地理信息系统具有三大独特优势：空间定位、空间分析和空间可视化表达。空间定位是将地图上的点、线、面和 Excel 表格里的数据进行关联，通过空间位置对 Excel 表格数据进行管理。Excel 表格里的数据叫属性数据，点、线、面叫空间数据或几何数据。我们可以通过一个位置集中管理各种各样的数据，如道路数据、土地利用数据、行政区划数据、水文数据、社会经济数据等。空间分析是地理信息系统区别于其他信息系统（比如管理信息系统）的本质特征。它是基于空间数据的分析技术，以地理学原理为依托，通过分析算法，从空间数据中获取有关地理对象的空间位置、空间分布、空间形态、空间形成、空间演变等信息。这涉及很多方法，其中最简单的是对空间中两个对象的距离测量。我们可以看两个案例，图2展示的是江苏省的苏南和苏中地区创新能力的空间格局，我们从中可以看到它呈带状分布；图3展示的是太平天国的战争热点图，我们可以清楚地看出哪里是战争的热点、哪里是战争的冷点，进而分析这些热点地区的环境因素和人类活动。可以发现，其中热点与水系有特别的关系，因为太平天国是沿着水路朝南京进攻。

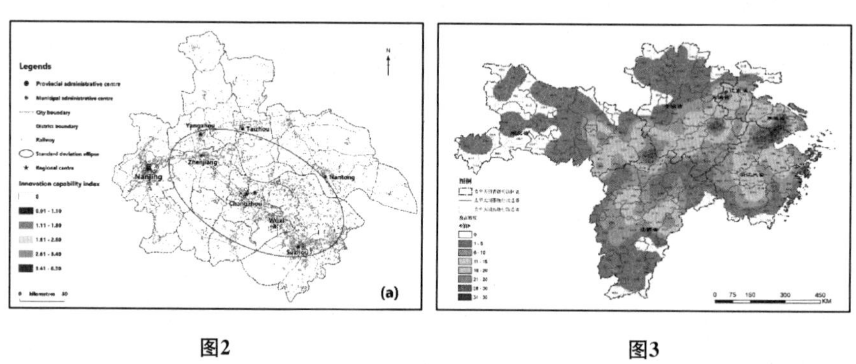

图2　　图3

地理信息系统还有一个优势，即空间可视化表达。地理信息系统可以根据用户需求生成不同的专题地图，例如定位图表地图、动态地图、三维虚拟地理场景地图等。

在了解了地理学的一些基本的概念和思想后，我们再聊一下地理信息系统之于中国乡村道德研究。

村庄地理位置、生产方式、经济水平和文化传统等方面的空间差异，使得中国乡村道德的理论研究和实践存在诸多问题。这些问题涉及中国乡村道德的地域差异和多因素综合作用。传统的伦理学理论研究方法和社会学、统计学等学科的实证研究方法无法有效地解决这些问题。新文科要求突破传统文科的思维模式，以继承与创新、交叉与融合、协同与共享为主要途径，促进多学科交叉与深度融合，推动传统文科的更新升级。伦理学作为传统文科，同样面临着学科发展的重大挑战和机遇。地理信息系统具有独特的空间定位、空间分析和空间可视化表达优势，可为解决中国乡村道德的理论研究和实践推进中的问题提供新的思路和途径。地理信息系统与传统文科的结合，可为传统文科提供新的方法和技术手段，是新文科发展的重要方向和路径。我在这里列举地理信息系统在三个领域的进展：历史学、考古学和文学。

中国人民大学清史研究所的胡恒老师做了一个"冲繁疲难"与缺分的对应关系的研究。该研究表明，清代用了大概2万个官员就能够有效治理整个中国，原因在于清朝政府综合自然和人文因素选派官员，难治理的地方就派优秀的人去治理，并且用制度的方式调派最干练的官员去难治理的地方。这个案例对我有很大启发。2014年《科学》(*Science*)刊载了一篇文章，文中用15万个名人的出生地点和逝世地点来揭示文化中心的变迁。虽然名人无法选择自己的出生地点，但可以选择自己的逝世地点，从出生地点到逝世地点的连线就显现出文化中心的变迁。刚开始只有零散的热点，随着时间的推移，热点不断变化，图上颜色越亮的地方，名人就聚集得越多。[①]

这两个案例非常具有启发性，启发我们朝着这样的发展方向做伦理学和地理学的研究。当我知道这些研究之后，我意识到地理信息系统和伦理学的

---

① Maximilian Schich，Chaoming Song，Yong-Yeol Ahn，et al. "A Network Framework of Cultural History". *Science* 2014，345(6196)：pp. 558-562.

高质量融合实际上要分三个阶段实现。第一个阶段就是要走到学科里面去，把地理信息系统基本功能和伦理学进行结合；第二阶段是将地理信息系统新技术与伦理学进行结合，包括大数据、人工智能、遥感智能计算等；最重要的是第三个阶段，把地理学与伦理学的相关问题结合研究，即对伦理道德的空间格局、时间演变和形成机制进行研究。最终，我们希望发现和解决乡村道德研究中的一些重大的科学问题。虽然我们还在探索过程中，但我认为，研究人的思想层面的因素比研究自然因素具有更重要的意义。伦理学在地理信息系统的帮助下，就可以进行一些精准的道德治理，为不同的区域特征提供科学的依据，为中国乡村道德“因地制宜、精准治理”提供科学依据，服务于国家的乡村振兴战略。

回到“中国乡村道德的实证研究与地图平台建设”这一项目，我们可以通过道德地图平台，采集相关乡村道德调查的数据，分析道德状况在全国的分布情况，希望能够针对不同的乡村的地理位置、经济水平和文化背景进行有效的道德治理。最近，我逐步认识到，乡村伦理研究中有一部分是从问卷数据和访谈数据中提炼出理论框架，以此去做整体态势研判、成因分析和建设路径。这个课题如果继续推进和提出一些问题，将会反馈到我们前面的研究和系统的建设中去。我们已经提出了10个与乡村道德地理学相关的问题，未来我们还要继续进行下去。

中国乡村道德地图平台包括一套分析方法、一个软件平台、两个数据库。其中，一套分析方法是指面向乡村道德或伦理学研究的分析方法。以前，如果我们分析某个伦理道德问题，需要将数据输入 SPSS 软件。现在，我们只要在系统里一键完成。类似地，我们可以使用伦理学的理论和话语组织的系统，这是更重要的工作。关键在于，分析方法如何被我们提炼出来？软件平台是数据平台、研究平台和应用平台的集合，数据平台能够把我们自己的数据和其他研究者的数据汇聚起来，研究平台是要实现用分析的方法或可视化的方法辅助研究，应用平台旨在能够在乡村振兴局或其他方面实现落地应用。

中国乡村道德地图平台有五个特点：可视化、可检索、可关联、可补充、可共享。可视化通过地图、图表、知识图谱、词云图、时间轴、三维地图等表现形式实现。可检索即通过村庄名称检索村庄基本信息、调查问卷、访谈记录等，至于更多可检索的内容还需要我们进一步思考。可关联一方面是当我们看到村民填的问卷中关于一个问题的答案时，我们可能想知道他对另一个问题的回答；另一方面是道德现象与自然条件、社会经济因素的关联，问卷问题间的关联等。可补充即用户可以通过系统补充数据，实现系统的动态更新。可共享是数据共享，数据和资料可以上传、下载和浏览。

平台有两个数据库支撑，一个是田野调查空间数据库，一个是社会经济文化空间数据库。关于田野调查空间数据库，我们会对乡村的基本信息、问卷调查数据信息、访谈记录信息和田野日志信息进行一些处理，并且使其与空间挂钩，这种挂钩就是将村庄同调查问卷、访谈记录和田野日志进行关联。如此一来，我们就可以通过村庄去查询信息，也可以通过访谈记录等知道村民属于哪个村庄。我们可以和村庄中的受访者产生关联，看到我们之前访问的这个村庄的受访者的情况。比如我们一般在一个村庄会访问十几个村民，在数据库中找到村庄，把其中的受访者的信息全部调出来，然后就可以看到受访者的年龄段分布、身份信息的分布，以及其他一些需要考虑的信息。另外，我们目前的一些研究成果和数据都可以通过系统的方式关联起来。现在我考虑到的仅仅是数据方面，其他方面还需要我们进一步讨论。有一些研究成果会引用访谈记录中的某一段内容，这也可以通过系统的方式关联起来。关于社会经济文化空间数据库，虽然我们已经爬取了一些社会、经济、文化等方面的数据，但现在看来，我们需要更好地考虑这些具体的数据如何与乡村道德关联起来，这些具体的指标和乡村道德有哪些联系。我的一个研究生虽然已经做了一年多关于这方面的工作，获得了一些启发，但对于一些问题还是没有想明白，需要继续推进下去。

乡村道德地图平台主要有五个功能模块：乡村道德数据采集与管理、乡村道德信息查询、乡村道德领域分析、乡村道德地图展示和乡村道德高级分析。平台的首页需要展示系统最精华的地方：（1）以地图展示村庄地理分布、调研路线，以及村庄所在的自然和人文区划；（2）展示项目动态，突出时间线索；（3）展示乡村道德相关研究成果。这实际上是常规网页的做法。在数据管理模块，我们可以分类查看数据，并且可以通过关键词搜索、浏览、上传和下载这些数据。关于信息查询模块，我们目前想到的是，根据村庄名查询它相关联的基本问卷、调研信息。我们也可以在平台上呈现全国美丽乡村或全国优秀道德模范的信息，但是具体要对哪些信息进行查询需要我们进一步思考和交流。比如，我们查询某一个村庄，可以看到这个村庄的基本信息，包括人口、面积和村民小组。我们将信息结构化以后，把数据输入表格，可以对数据进行结构化操作或文本展示，从而展现某个村庄的详情。我们可以在地图上查询某个村庄，但现在数据库中村庄的数量不多，所以这种查询的意义并不是特别大。所谓的这种查询，只有当村庄的数量多了之后，我们才需要去查。当村庄的数量比较少的时候，我们可以直接点击进入，而并不需要用到查询。我们可以把调研的一些情况，比如访谈人员的性别比例等信息以图形化或统计数据的方式展示，有利于人们更好地浏览，但这需要设置不同的用户级别的限制。关于村庄的调研问卷的问题，我们可以选择一个问题，然后看村民们的回答，这可以通过多种可视化的方式展示，包括 SPSS 中做的统计。此外，两个问题可以并列显示，当我们看到村民对一个问题的回答时，还能看他对另一个问题的回答，进而更多地考虑两个问题的关联度。

对于道德分析模块，我们的考虑非常简单，就是把大家用到的 SPSS 的功能全部转移到这里，在其中进行调查村庄问卷结果统计分析、调查村庄问卷结果统计图表可视化和不同问卷题目的关联分析等，并且做得更加漂亮、更加方便。

道德地图分为道德调查地图、道德领域地图和道德结构地图，我们可以通过对三类地图二级和三级分类层面的梳理，弄清楚每一张地图的用途，判断其是否对乡村道德的研究有用。

在高级分析模块，我认为可以进行伦理学理论建构成果图文展示、地理信息系统新技术＋中国乡村道德研究成果图文展示、地理学＋中国乡村道德研究成果图文展示等，以介绍和推广这些高级分析方法和研究成果。

至于系统的整体介绍，则包括对研究团队、调查问卷等的介绍。以上就是目前中国乡村道德地图平台的设计的介绍和展示。

最后我们对中国乡村道德地图平台作一下研究展望。如前所述，我们要分三个阶段、一步一个脚印地推进地理信息系统同伦理学（中国乡村道德研究）交叉融合，最终实现对乡村道德研究重大科学问题的发现和解决，为中国乡村道德“因地制宜、精准治理”提供科学依据，服务于国家的乡村振兴战略。

第一，我们可以通过全国的统计数据和我们对乡村道德进行的实证研究，揭示全局和全国的面貌。第二，在大数据、遥感、人工智能的应用方面，我们可以通过大数据，比如利用离婚案件数据作进一步探索；对遥感技术的应用也是如此，这是需要进一步尝试的方法和思考的地方。第三，寻找社会热点问题进行研究和突破。我们可以细分乡村道德建设中的家庭、经济等因素，在乡村道德研究过程中，找一两个小的乡村道德建设问题实现伦理学与地理学的结合，然后写一些小文章，打开思路并塑造典型样本，比如留守儿童、离婚案件等一些既与伦理学有关又是社会热点的问题。第四，尽可能参加乡村道德的相关会议和报告。接下来，我将尽可能多地参加应用伦理学前沿问题工作坊。我本人已经积极参与历史和地理的结合近十年，起初一个人闯入这个圈子，结识了一些地理学和历史学的年轻学者，今后我还要继续参加类似的会议。第五，邀请地理信息系统、地理学专家（“闲”人）真正参与指导。我们需要一些有时间的专家的帮助，至少要请到几位地理信息系统专家真正参与指导，实现跨学科的深入交流，这会使我们的研究有极其显著的提升。

回到课题中，我觉得需要从以下方面推进我们的研究。首先，遵循计算机软件工程的一般流程。刚才我已向大家展示了初步成果，大家可以根据这些展示提出问题，以供我们进行后续的交流和推进。其次，学习跨领域专业知识和技术。基于课题组已经形成的道德研究的理论体系，寻找伦理学同地图和地理的结合点，是当务之急。因此，我们需要寻找一些地理学和乡村伦理相结合的问题，针对这些问题作进一步的细节方面的思考。最后，进行高频率和常态化的交流。跨学科研究需要相关学科研究人员进行常态化交流，这也是我们一直在坚持的活动。

我们的杰出校友，中国科学院地理科学与资源研究所刘彦随研究员的国家自然科学基金重大项目——“乡村地域系统协同观测与转型机理及模拟”，瞄准国家重大战略和地理学科发展需求，立足人文地理学与信息地理学、自然地理学深度交叉的优势和特色，深入开展乡村地域系统转型机理、协同观测与未来情景模拟研究，创建乡村地域系统理论体系、协同观测技术体系、管理标准规范体系等“三大”体系，研发乡村地域系统识别诊断器、要素探测器、格局模拟器，构建乡村地域系统转型诊断—探测—模拟综合集成平台，通过重大项目研究及理论贡献有力支撑国家乡村振兴重大战略决策。这和我们的研究有很大的关联性，但他的研究侧重于自然方面，而我们侧重于思想层面。骆剑承研究员的“地理遥感智能与农业4.0”项目结合了遥感和农业，通过遥感把重庆的所有地块识别出来进而管理起来，能够实现对地里种植何种作物、作物的生长状况和产量预估进行全面分析。我觉得目前伦理学学科缺乏类似的大型应用成果，来使理论应用于实践。借鉴骆剑承研究员的项目操作，我们需要考虑我们目前做出的地图和二级、三级指标的目的。除此之外，我们可以参照乡村振兴局的工作，用乡村道德一张图实现对管辖内所有乡村道德状况的直观展示、分析、决策，比如，我们可以把发生的一些道德现象叠加在地图上进行更直观的展示，并据此进行分析和决策。伦理学可以构建一些理论框架，用理论指导对道德现象的分析解释，并进一步指导对不同区域的具体治理，那么，我们如何实现这种道德治理的应用？这对地理学学科来说是一项挑战。这样的研究如何实现结合？我目前只有关于顶端和底端两方面的思考，但还需要考虑如何实现连接。基于此，我们可以去了解和思考其他交叉学科研究到一定程度是否也有类似于伦理地理学的提法。

问答环节

王璐：在我看来，中国乡村道德地图平台应当是一种帮助我们开展中国乡村道德研究的工具。我之前在《科学》上看到一篇文章，作者提出，之前的研究大多认为个人主义价值观和集体主义价值观同经济发展水平相关联，经济发展水平较高的地区，人们更多地表现出个人主义价值观，而经济发展水平较低的地区则更多地表现出集体主义价值观。但是作者认为，在中国，个人主义价值观和集体主义价值观是受农业影响的。作者通过问卷调查发现，在种植水稻的地区人们更多地呈现出集体主义价值观，而在种植小麦的地区人们则更多地表现出个人主义价值观，这是因为种植水稻需要更多的相互协作。这其实给了我很大启示，我们的地图平台最大的价值就是可以让我们轻松地将想要分析的道德问题与地理要素以直观的形式关联起来，清楚地看到我们想要研究的问题到底受到哪些地理因素的影响，从而激发我们去思考这种关联背后更深层次的原因是什么。

也正是从这一点出发，我认为地图平台在建设的过程中可以考虑以每一个调研问卷的题目为原点。当用户点击其中一个题目之后，会进入一个新的界面，在这个界面中用户可以看到全国不同村庄的居民对这个问题的回答情况，同时还可以选择将这些数据结果与不同的地理要素图片相叠加，从而发现规律。

胡迪：区分自然区划和人文区划的目的是更好地选择调研的村庄，除此之外我们也要更多地考虑其他方面。社会经济文化的数据是专题数据，但是到底有哪些专题还需要进一步思考。地理要素就是水、土、气、生、人，而人文因素还有民族、宗教等方面，这确实和伦理有关系。目前这些数据只收集到市级，我们可以进一步收集区县一级的数据。我们在地图上看到一些问卷的题目时，可以关注到一些地理的要素或数据。我们今后会对系统做进一步的升级，继而实现系统对地理学和伦理学的真正结合。我们能看到某几个问题或问题中的某几个要素之间的关系，也可以实现对它们的综合，这样就会得到一个综合指标，得到一个类似于社会经济领域中的数学模型的结果，我们可以做一些这方面的尝试。地理学和伦理学的结合是定性和定量相结合的产物。

吕雯瑜：中国乡村道德现象同地理位置、地理环境有密切关系。第一，地理位置的影响。中国各地乡村的地理位置不同，地形地貌也不同，因此不同地区的道德现象也不同。例如，一些地处山区的乡村，由于交通不便、资源匮乏，社会文化程度相对较低，可能会存在一些落后的传统观念和道德观念，比如重男轻女等；而一些沿海地区或者交通比较便利的地区，受到外来文化的影响，可能会有更加开放和多元化的道德观念。再比如，在位于青藏高原的乡村地区，由于地理环境的特殊性，该地区的居民通常信仰藏传佛教，对生命和自然保护有着较为深刻的认识和尊重，遵循着“尊重生命，爱护自然”的原则。这种乡村道德的表现与地理位置有着密不可分的联系。第二，地理环境的影响。中国乡村的地理环境包括自然环境和人文环境，都会对道德现象产生影响。在一些生态环境较好、资源丰富的乡村，人们可能更加注重环保和可持续发展，有更强的社会责任感和集体意识；而在一些资源匮乏、生态环境恶劣的乡村，人们可能更加追求眼前利益，出现一些短视行为和不良风气。同时，不同地理环境下的资源条件也会对乡村道德产生影响。比如，位于沿海地区的一些乡村，由于资源相对丰富，居民生活水平较高，所以乡村道德表现可能与内陆地区有所不同。因此，中国乡村道德现象与地理位置、地理环境之间确实存在一定的关系。处于不同地理位置、地理环境的居民，由于生活环境和资源条件的不同，形成了不同的乡村道德表现。

沈洁：我认为中国乡村道德现象与地理位置、地理环境有关系。地理环境可以通过生产活动来影响人类历史及人类社会关系的发展。列宁指出：“地理环境的特性决定着生产力的发展，而生产力的发展又决定着经济关系的以及随在经济关系后面的所有其他社会关系的发展。”①即使科学技术不断发展，生产力不断提高，人类也无法脱离赖以生存的地理环境而任意创造历史。结合胡迪老师对地理信息系统的分享，我重新认识到了地理与文化的关系，也意识到新文科所强调的跨学科是将每个学科的优势表现出来，并在跨学科合作中各自发挥作用，而并非将不同学科简单地集合堆叠。

陈佳庆：近代自然科学的发展直接促使哲学研究核心问题由本体论转向认识

① 《列宁全集》第38卷，中共中央马克思恩格斯列宁斯大林著作编译局编译，北京：人民出版社1959年版，第459页。

论，近代哲学也呈现出了科学精神，而如今我们显然再一次处于技术革新的新节点，我相信哲学伦理学的研究一定会呈现出新的样态，发现和研究新的问题，而这种改变一定会围绕着新兴的科学技术展开。地理信息系统技术和中国乡村道德研究的结合可以看作这种改变的先声。作为一种新型的空间信息系统，地理信息系统技术一定会让乡村道德研究得到更为直观和生动的呈现，但是随之而来的问题和迷茫是，我们能够通过技术将什么道德概念可视化？目前搭建出来的平台还很基础，并未触及伦理学研究的核心，只是描述了一些基础事实。我想可能存在困境的本质原因是道德判断是规范性的，而不仅仅是描述性的。在元伦理学层面，道德属性是不同于自然属性的，“是”与“应当”之间是存在鸿沟的，虽然这个鸿沟不是绝对无法弥合，但这客观上给伦理学研究的技术化发展带来了困难，因为我们很难将规范性的观念量化和可视化，我想这可能是平台发展需要试着寻求突破的地方，当然不是要求一定要实现道德研究的数据化，而是要试着呈现出伦理学的规范性特征。直觉上我们都赞同道德现象一定会同地理环境和地理位置相关，但是如何揭示这种相关性，如何解释这种相关性，需要更多的研究和调查来回答。对此我有一个不成熟的设想，也许未来能够有一张可视化的地图呈现各地的道德评分，我点哪里就能看到相应的综合道德评分，这也许是地理信息系统技术和道德研究的一种结合思路。

胡迪：我在这里说明一下，大家不需要陷入我预先给出的问题，不需要仅从和地理、地图等关联的角度出发去讨论问题，我希望大家可以谈谈自己关心的乡村道德的核心问题，也可以说说与地理、地图等没有关系的问题，以及它们为什么与地理和地图没有关系。这将会对我有非常大的启发。

刚才陈佳庆同学说的特别有启发性。他认为，我们课题目前的推进还不是核心的。他的担心没错，因为我觉得我们现在确实是这样的状态，我今天的目的就是通过与大家的交流获得一些新的想法，探索真正的核心问题。我觉得这样的交流很好，而且这位同学的一些想法对我是有启发的。我们确实要思考可量化、可视化的东西到底是什么，思考这些东西应该以何种方式同地理挂钩。举个例子，情绪也是可以量化的，已经有人设计出了情绪地图，一个人的情绪状态可以通过曲线反映出来。道德是不是也可以如此？这是可以尝试的。关于道德评分的问题，文学领域有位老师已经根据某些统计做了唐诗排行榜，我们也可以按照类似的方式方法试一试，成为第一个吃螃蟹的人。

张萌：道德地图本身不会给予人们价值判断，而是人们可以凭借技术手段的支持更加便捷地作出自己的价值判断。一些哲学家在思考问题的时候也是从现象层面出发展开自己的论证和研究，所以价值判断本身不是某个具体数据直观体现的。

新文科时代或信息化时代是一个更加开放的时代，我们会面对主体与主体的关系、主体与客体的关系、主体与类主体的关系等等。在此过程中，包括听了胡迪老师的分享，我真真切切感受到一种技术的不正义，我根本不懂地理信息系统、计算机等方面的知识，所以在这样一个开放透明的时代我们怎么面对技术的不正义问题，是值得考虑的。在信息化时代，面对这么多问题，我们怎么追求一种伦理上的进步也是重要的。

关于伦理地理学学科，我认为其要存在并发展，前提是要有一种对伦理学的地理学叙事。以文学为例，《蜀道难》《徐霞客游记》等是标准的对文学的地理学叙事，如果伦理学能够实现这样的地理学叙事，那么伦理地理学学科的构建是可能的。大卫·哈维（David Harvey）在《资本的空间》（*Spaces of Capital*）里讲："任何向往改变我们思考和理解世界方式的人，都并非在自己选择的环境下这么做，每个人都必须利用手边的知识素材。"对于伦理学来说，地理科学就是“手边的知识素材”；相应地，对地理学学者来说，伦理学也是“手边的知识素材”。地理学学者从一种空间视角、技术视角思考人类的整体处境，但是把地理和地球作为人的世界来了解是不是一个可以思考的方向？

此外，关于乡村道德的地图平台，一些村庄具有诸如“乡村智理平台”这样的信息化平台，我认为中国乡村道德地图平台可以与之关联，以实现双向互动。

胡迪：我最近看了一些企业伦理学的书，受其启发，我觉得我们可以找到一些关于技术不正义的数据，根据这些数据做出东西。关于乡村信息化的平台建设，这个主要看相关平台能不能链接，但现在我还没有想到特别好的链接点。

张晨：我认为中国乡村道德地图平台的建设意义重大，或许能够在此基础上建立乡村道德发展状况测评体系和科学化、专业化、全景式的中国乡村伦理道德发展数据库，真实、直观地记录并系统地呈现近年来中国乡村伦理道德发展状况、群体共识与差异以及演化轨迹和发展规律，帮助人们较为全面、客观地了解村民当前的道德状况、伦理水平，协助相关部门动态把握全国乡村伦理道德发展状况，为深化乡村道德建设提供基础性数据支撑和决策参考，以此为实现乡村振兴贡献伦理学科的智慧和力量。

另外，关于中国乡村道德现象是否与地理位置、地理环境有关系。俗话说“一方水土养一方人”，地理环境不同意味着社会经济环境不同，直接影响各地域不同的风俗习惯和伦理道德观念。自古以来，川渝地区女性的地位明显比其他地区女性的地位高。根据统计，成都女性家务劳动时间低于男性，方言俗语中也能看出女性的话语权。这一道德现象和川渝地区的地理环境有密切关联。四川的地形特点可以总结为两个：四周山地崎岖封闭、内部平原肥沃低平。相对封闭的盆地地形、困难的人员流动和对外交流等，这些都使得巴蜀文化体系成为独立于中原文化的一支，散漫而自由地发展了下去。当中原文化在以伦理纲常为主调的封建制度文化中越发往束缚女性的方面发展的时候，川渝地区的女性依旧能够相对自由地生长，获得相对合理的地位。受地理位置和地形地势影响，川渝地区具备了温和湿润的气候条件，农作物四季常绿且无冻害、无旱灾、无水灾，这使得男性劳动力的优势不再明显，不仅男子常年劳动不息，妇女也同样担负各种主要劳动。同时，川渝地区很早就推广了养蚕缫丝技术，蜀锦、蜀绣远近闻名，秦汉时期川渝地区成为重要的丝绸产地。在这背后是川渝高超的丝织技术和勤劳的织女，优渥的环境使女性独占一业，经济的独立使得女性的社会地位自然得到提升。

岳玲玲：我认为在新文科或信息化时代，中国乡村道德研究面临的挑战主要有两点。一是对于乡村而言，较之以往，乡村环境不再封闭，人们的信息获取途径不再闭塞，新旧观念交替，农村社会在进步的同时，一些原本地域特征很明显的道德现象、风俗习惯慢慢改变。我们研究的村庄不再有各自的鲜明特点，不再那么典型。二是新文科强调学科的交叉，但是由于不同学科的研究者在研究方法等方面存在差异，在具体研究过程中很难真正交融，所以在学科交融的基础上去进行中国乡村道德研究是有挑战性的。

刚才胡老师也提到了在中国乡村道德地图平台中可以搜索村庄名称，然后平台会显示村庄的相关信息。因此我想在这个平台有足够多的村庄样本之后，是否可以通过搜索某一个感兴趣的主题，查阅到与这个主题相关的调查过的村庄和调查问卷等相关信息。

另外，我认为中国乡村道德现象与地理位置、地理环境有密切的关系。大到不同的省份之间有一些道德现象区别明显，小到同一个地区的相邻村庄之间道德现象也不尽相同，也就是俗话说的“十里不同俗”。例如不同地区的丧葬习俗是存在很大差异的，我的家乡地处山东泰安，是以农业为主的传统村庄，距离曲阜较近，受儒家文化的影响，丧葬习俗烦琐，有停灵、报丧、戴孝、送汤、吊孝、打坟、入殓、出殡、圆坟等流程，沿用至今未曾改变。而一些少数民族的崖葬、天葬等丧葬方式就更明显地受地理环境影响。因此，我觉得在不同的地理环境影响下，乡村道德现象区别明显。

胡迪：通过相关主题查阅村庄的具体情况这一点，我实际上考虑到了，作为一个研究资料库，这是可以实现的。我们还可以在征得其他学者同意的基础上把他们的调研数据加入我们的系统，充实我们的地图。

边尚泽：我认为新文科时代最主要的挑战和际遇在于大量数据的应用。以我们之前的乡村调研为例，一个村庄大约有100多份问卷，一个问卷有七八十个题目，一个村就会产生近万个数据，20个村就大概有20万个数据。这20万个数据组成了一个有题目和村庄的二维结构，并且内部题目也相互关联，有着复杂的结构。如果能把这么庞大的、复杂的数据集利用起来，可以为研究人员提供可观的帮助。但是，不借助一定的科技手段，根本不可能完成对这么庞大的数据的使用和分析。

在上一学期做数据整理工作时，我注意到在对“总的来说，您对自己的生活状况是否满意”这个问题的回答上，林家圪堵村有61.2%的村民选择了比较满意和非常满意，而黄田村只有38.6%的人选择比较满意和非常满意，两村村民在生活满意程度上有显著差异。然后我去看他们的收入情况，注意到两个村的整体收入水平并没有什么差别，只是收入结构有着明显区别：一个是类似正态分布的山峰型，另一个是中间凹两边高的山谷形。另外，这两个村的决策方式也有一定差异。但是当我再次反思时发现，实际上两个村的比对是没有说服力的，如果能把20个村的情况都这样比对呈现出来，那么就有了一定的说服力。我认为，这是地理信息系统和乡村道德结合的有价值的地方，可以使论证更有说服力。

胡迪：这涉及大规模的数据处理和更新，需要做更多的探索。同时对比20个村庄，实现对同一个问题的不同指标的呈现，这对研究会有很大帮助。农民的流动对乡村伦理思想的发展具有重要影响，这方面是值得研究的。如果我们能够对区县级的数据进行梳理，会起到为我们的研究形成背景和基础的作用。空巢老人和留守儿童也是热点问题，我们也可以搜索一下这方面的数据，并直接对接到某一个伦理问题上去。虽然大部分结构化的处理是采取定量的方式，但是我们可以先对数据进行分类，从而采取多种方法处理数据。对于地理学和乡村伦理研究的结合，我们要探索伦理思想和地理信息系统如何进行结合，这是需要突破的地方，也对地理学的发展有帮助。

赵子涵：地理信息系统是计算机技术与空间数据的结合，是一种综合性的技术系统。地理信息系统与中国乡村道德的结合，是一种方法更新，是利用新兴的技术手段更好地服务于社会性、伦理性、人文性的研究。

地理信息系统是技术手段，也是一种研究方法，可以实现地理信息服务。地理信息系统应用于中国乡村道德研究，从价值意义上看，可以带来研究方法的变革、研究资料的多元化、分析方式的革命、研究理念的更新等。地理信息系统可以帮助定性描述走向定量分析，而定量分析也能更好地辅助定性描述。利用地理信息系统的技术手段，可能会给中国乡村道德研究带来很多学术研究上的冲击，也会带来新的发现与收获，尤其是在时间、空间的动态分析方面，甚至是在多因素综合原因的分析方面，地理信息系统独特的可视化分析优势会给研究带来新的视角，这是非常值得期待与憧憬的。

当然，地理信息系统技术运用于当下的研究也存在着瓶颈。其一，受学者学科范围的限制。因此，需要跨学科的合作与交流，本专业人员需要对其他学科有基本的了解、掌握其基本原理，以便更好地开展研究。其二，地理信息系统的应用领域与层面还不够开阔，或者说对地理信息系统的了解与应用还不够广泛与深入。不同学科之间的交叉，以及研究者对地理信息系统掌握的深度、广度、维度都还需要再进一步。

胡迪：地理信息系统可以作为辅助工具帮助我们去做伦理学问题的研究，最近我在做的事情就是研究地理信息系统的工具如何辅助伦理学理论框架的构建，这也是我需要突破的地方。我们并不是必须要在地图上进行定量，所以伦理学专业人员需要对地理信息系统有一些基本认识和理解，但又不能陷入这种刻意的结合中。

评议人 总结点评

今天胡迪老师的报告体现了一种非常典型的应用伦理学的研究进路，即先把问题总体地呈现出来，然后聚焦到某几个具体问题上，最后再对整个研究领域进行展望。“中国乡村道德的实证研究与地图平台建设”是我基于研究兴趣申报的课题，虽然之前的乡村伦理研究也是在发现、分析和解决问题，但其始终是一种单线化的研究。我在之前的研究过程中，经常会听到某种声音，发现某个数据及与之相关的问题，但是我很难把某一个村庄的问题和另外一个村庄作特别直接的联系和对比。因此当我听到地理信息系统的运用可以以一种更加直观的方式将数据呈现出来时，我的第一反应是，直观的东西一定可以给我带来视觉上的冲击，而视觉上的冲击同样可以带来思想上的冲击。举一个简单的例子，当我说“我带领团队去过一些村庄”时，大家脑子里可能没有什么概念，但我要是跟大家说“我们大家都看看这张图”，大家就可以非常直观地从这张地图上看到我们去过的村庄。大家想象一下，如果我们调研的村庄已经密集地排满了这个地图，那么我们马上就会发现，这个团队是有基础的，因为它已经把中国的村庄走了一遍，这就是定性分析从直观中产生的过程。因此，我们可以借助地理信息系统技术对比问题、深入分析。比如，全国的不同村庄、不同的人群的信任度是不一样的，但是如果只有一个村庄的信任度报告，那我们可能就只发现了某个村的信任度是多少。如果将信任度在图中呈现出来，并且用不同的颜色表示不同的信任度，那么我可能马上就会发现规律，信任度是不是与地理位置有关？我们还可以进一步思考，信任度是不是与经济收入密切相关？如果通过地理信息系统技术做的这张图呈现的基本数据包含了各区域的经济收入状况，那么我们就可以把这两张图做一个叠加对比，观察信任度颜色的深浅和经济收入颜色的深浅是否相符？如果完全不符的话，我们又会继续思考，不同村庄的信任度到底和什么相关？如果地理信息系统能够叠加对比图片，那可能就会使我们更容易发现其中的问题。否则，我们就要自己在数据中慢慢搜索比对，寻找它们之间的关联。以上就是技术给我们带来的好处，尽管技术不是万能的，但它至少会给我们提供一些信息和线索，让我们可以同时翻阅居住情况、人口密度、经济水平、生育率等，进而从中找到一些大致规律。我们的乡村道德研究不仅要研究大的规律，也要研究小的规律，比如生育、养老问题等。我们可以利用我们的系统调查各个地区养老院的数量和密度、各个地区的养老状况等，然后将这些问题进行对比，进而发现养老意愿呈现的特征、人们对居家养老和养老院养老的态度，我们可能还会发现某些原来想不到的问题。这样的中国乡村道德地图平台可以给我们带来很多研究的乐趣。尽管我们现在的数据并不多，但等将来我们的数据越来越丰富、平台功能越来越完善的时候，我们就可以非常自由地在地图平台里发现思想的火花。中国乡村道德地图平台是帮助我们发现问题、分析问题的非常好的技术手段。

对地理信息系统技术的学习不是一朝一夕就能完成的，所以我也越发觉得跨学科研究首先要“跨出去”，但不等于说进入那个学科。我们只需要通过“跨出去”知道那个学科和本学科的交流能够产生什么样的新火花和新判断甚至新论断，但是不要以为只要愿意学习就可以拥有别人那样的专业能力。因此我一直认为，不应该是通过学习其他学科的知识并利用其他学科的知识来达到我们的目标，我们只有在自己的学科背景中才能够真正提出本学科的问题。胡老师很谦虚地说，他不太懂伦理学的问题，他可能也觉得没有办法完全知道我们需要什么。虽然我们的课题现在还处于初期阶段，但是我相信随着我们数据增多、平台完善、新功能丰富，我们的平台会被伦理学学者们利用，并且帮助他们发现新的问题。

胡老师有一点特别值得我们学习，他在进入我们团队后学习了很多伦理学的相关知识，向我了解了许多乡村伦理领域的核心问题。但是，胡老师无论再怎么学习乡村伦理相关知识，也无法达到像他掌握地理信息系统那样的优秀水平；同样，我们无论再怎么补充地理学知识，也达不到胡老师的水平。因此，大家一定要注意跨学科的研究不是置换式的“跨”，大家一定要有自己的专业视角，一定要思考我们想解决什么问题，我们希望通过什么样的呈现分析问题。我很期待乡村道德地图平台的建设，并且对之充满信心，我也希望同学们能够找到自己感兴趣的研究方向。学术研究并不是如同苦行僧一般，如果没有兴趣就会心力交瘁。胡老师今天给大家带来的分享，不仅介绍了地理学知识和乡村道德地图平台，也启发了应用伦理学前沿问题工作坊的推进，即我们怎么从工作坊中的某个问题看待整个伦理学专业和现实道德问题对我们进行学术研究的影响。

第七期　新流动范式下的社群传播与伦理问题*

主讲人：庄曦

主持人/评议人：王露璐

与谈人：吕雯瑜、张萌、沈洁、陈佳庆、盛丹丹、边尚泽、赵子涵、郑舒文

案例引入

网络信息时代不仅意味着技术的更迭，更孕育着深刻的社会变迁。新型的技术空间与转型中的中国城市结构互相交叠，“新产业、新业态、新模式”赋予社会架构、劳动关系更多的可能性。当下的工人群体，除传统产业工人之外，还包括大量处于“平台+个人”新型用工模式下的劳动群体，如网约车司机、快递员、外卖员等。这些群体通过网络平台与客户建立联系并提供劳动服务，为当下国内新实体经济的发展提供了重要支撑。滴滴司机的职业因互联网而产生，在中国化的互联网劳资结构下曾一度享有红利，也曾几度陷入困境。据中国新就业形态研究中心在2018年发布的报告，2017年6月到2018年6月，共有3066万人在滴滴平台获得收入。①新经济语境中，滴滴司机规模的逐渐壮大并不能隐去该群体在互联网劳资结构下的生存困境。基

---

* 本文由南京师范大学公共管理学院硕士生刘壮根据录音整理并经主讲人庄曦审定。

① 中国新就业形态研究中心、首都经济贸易大学劳动经济学院课题组:《中国新就业形态就业质量研究报告——以滴滴平台为例(2018)》,2018年7月,https://max.book118.com/html/2019/0118/8025013112002002.shtm,访问日期:2019年4月22日。

于移动性的职业特征，他们更倾向于通过互联网即时通讯平台来实现社会联结、形成主体表达、获取社会支持。从滴滴司机微信群的信息关系结构入手，可以对流动群体进行传播分析和伦理思考：该流动社区中支持信息传播的整体网络特征是什么？社区成员的虚拟社区感到什么程度？群内关系对于信息流动的影响是什么？这是一种怎样的新型关系？

主讲人 深入剖析

我自己在做传播研究时，也会涉及一些伦理学的问题。比如我的研究有时会提到一些规则、典型、模范等，以及这些规则、典型和模范是怎样传递出去的，这里其实有一个伦理学的视角。因此，今天我想从传播学的视角切入和大家聊聊传播与伦理。提及传播，大家首先会谈到媒介化社会中的各种传播关系，或者说一个社会的基础传播架构。但我在进行媒介与社会研究时，又会时刻提醒自己，不要陷入传播中心主义、媒介中心主义，以减少学科偏见和误差。美国社会学家塔尔科特 · 帕森斯（Talcott Parsons）的 AGIL 理论为社会系统的存在和发展提供了一个分析的理论框架，在这个框架下可以考察系统、组织和结构是如何存在与发展的。他认为在一个社会的功能发挥或者结构基础之上需要注意两个地方，一个是控制系统，另一个是能动系统。传播在一个社会的控制系统和能动系统中的功能展现、角色演绎是在我的考量范围之内的。类比新闻报道的五个基本要素“5W”，即何时（when）、何地（where）、何事（what）、何因（why）、何人（who）[①]，传播中的五个要素即传播者是谁、通过什么样的渠道传播、传递给谁、传播的

① 参见[美]哈罗德·拉斯韦尔：《社会传播的结构与功能》，何道宽译，北京：中国传媒大学出版社2017年版，第35页。

内容是谁或者是什么、传播达到了一个怎么样的效果。我们基本是在这样的一个流程中讨论传播问题。从中可以看出，媒介在社会关系或者人际关系的交互过程中发挥着很重要的作用。这样一种过程，强调了以下五点内容：（1）社会各个部分之间的关联性；（2）社会各个部分之间的劳动分工；（3）各个部分为什么对整体是有用的；（4）有没有稳定性存在的可能；（5）有没有一种自我矫正的机制或者一种动态的变化。因此，我们谈传播，我认为要还原到整个社会机理中间，它相当于是一个有机体的脉络。

传播学从诞生的时候起，就是一门交叉学科。二战期间，一些研究信息论、控制论、社会学的学者共同加入了美国的战时新闻局，研究如何提升信息传播效果，聚焦传播的功能发挥。学者拉斯韦尔（Harold Lasswell）曾论述过传播的四大功能：第一个功能是监督这个社会中发生了什么；第二个功能是把各个群体联系起来；第三个功能是社会化，其中强调的一个面向是教化，要用一些伦理准则告诉大家应该怎么做；第四个功能是娱乐。后来有学者提出传播还有一个重要功能在于阐释。还有学者认为，传播其实还有一个非常重要的作用，即动员功能。换言之，就是探究在公共运动中动员力量是怎样形成的。在谈及传播功能的时候，我们会特别强调它的社会化和教化层面，这与伦理规则的传递关联非常大。

前几年有个视频非常火，内容是关于唐纳德·特朗普（Donald Trump）如何在总统竞选期间运用社交媒体并影响美国社会的。和其他政客相比，特朗普团队十分热衷于使用社交媒体发布信息，在一段时间内，他呈现了一个愤怒的政客形象，这一人设在社交媒体上收获了非常多的追随者。传播的生态是非常复杂的，《自然》（*Nature*）上曾有一篇传播学文章聚焦大家支持疫苗注射和反对疫苗注射的不同观点。网络上舆论的竞争存在于不同的社群中，既有负向评价的社群，也有正向评价的社群。不同观点的发展态势可能是一个动态的互相侵蚀的过程，不是我们想象中有理就占主导的模式。这就是为什么我们经常在网上能看到一些极端的信息有时反而声量很大。我们现在应该多少听过关于传播的一些概念，比如茧房、回音壁、过滤泡等，大家会觉得这意味着算法的影响，意味着社交媒体限制了我们的认知。需要注意的是，这些概念之间还是有差别的，茧房和回音壁是两个不同的概念。茧房是指一个人的知识积累和架构把自己裹在了里面，回音壁则指个体发出的声音，在特定社群里面不断得到类似的回声，再次强调了个体的声音。我们可以看到，传统传播规则在当下的语境中已经发生了变化，以前我通过大众传媒告诉大家什么是对的，大家可能就接受了，而今天我要告诉大家什么是对的，就需要破圈，因为人们总是在自己的圈子里面，根据自己的关系和议事规则来确定什么是对的和什么是错的。这种变化让我们看到了传播带给伦理研究的新探索方向。

我今天讲述的主题涉及一个词——“新流动范式”，这来源于我的研究兴趣。本科时，我开始跟随学院老师去农村做调研。读硕士时，我对新事物比较感兴趣，网络的兴起让我关注到它对农村的作用与影响。读博时，我更聚焦在农村和城市间游走的群体，即新移民群体，在空间中流动的社群。新流动指向我们如何看待空间的问题。现在对于空间的理解是一个多维的空间，比如安东尼·吉登斯（Anthony Giddens）认为“空间不是一个空虚的向度，沿着这一向度各社会群体获得了结构，但必须从其介入于互动体系构建的角度来加以考虑”①。在这样一个流动范式空间中，我们想讨论的是一群边界既清晰又模糊的城市社群，以前原住民和新移民可以区分开来，但是现在已经很难分清。比如我回到老家，很想说家乡话，但是到了很多地方没有人跟我说家乡话。这意味着空间已经发生了很多变化，空间中的流动带来了人群结构的变迁，人群结构的变迁会模糊一些曾经坚定或笃信的原则。在乡

---

① 参见[英]安东尼·吉登斯:《社会的构成:结构化理论大纲》,李康、李猛译,北京:生活·读书·新知三联书店1998年版,第101页。

土社会的网络中，我们非常强调儒家伦理原则对亲疏远近的界定以及由亲到疏、由近到远的扩散机制。在传统社会有一种空间稳定的前提，一些传播学者思考的问题是在这种稳定的社会之下规则是怎么传递的，这些规则到了当下又发生了怎样的变化。比如，我和学生研究的课题《徽州祭簿的媒介叙事与乡民记忆建构研究》，徽州当地的修谱和族谱承载的意义非常多元。例如早期的话，女儿不能进入族谱，后来近现代的一些徽州地区有了报刊，带来了新观念的冲击，那么原有的规则会被渐渐打破。我有一个朋友，老家有很大的修谱仪式，有一次她作为女性代表，受邀在修谱仪式上发言。然后她就跟我讲，这是一种新规则的建立。在修谱的过程中，族谱传递所设定的一些默认前提的框架，其实到今天已经出现了很多新的变化。

媒介对于乡土社会的影响，有时也以空间的变迁具象呈现。如郭建斌老师早期在云南独龙乡做的传播人类学研究。原先独龙村家庭建房子选址，最重要的是要预留一个火塘的位置。他们建房子是先定火塘位置，然后把整个房子建起来，平时大家的社交就是“围炉”社交。火塘边上最好的位置一定是留给长者。但随着电视的进入，这种格局就改变了。年轻人不需要围着火塘，电视机一开大家马上就跑过去了。传播载体发生变化，权威在传播中的位置也随之变动。当下的中国乡村，群体呈现了一种不稳定的流动。要探究之后的新规则是怎么样建立起来的，既要关注乡村，还要关注从乡村走出的群体，因为虽然他们在地理位置上出现了迁移，但是城市、乡村对他们的影响会不断反映到流动中来。我们可以看到传统的地方空间被一个全新的流动空间取代，信息也在这样的网络结构过程中彼此相连。曼纽尔·卡斯特（Manuel Castells）认为这种流动不仅包括空间的位移，还意味着社会结构网络中的个人借助时空抽离机制，与“不在场”的人们进行互动。[①]我刚刚

① 参见[英]布赖恩·特纳编:《社会理论指南》,李康译,上海:上海人民出版社2003年版,第517页。

说的离开乡村的这些群体，为什么他们可能双向影响到乡村或城市的规则和伦理？比如虽然他们不在场，但是他们为什么能影响乡村？外界的生活方式和乡村有着千丝万缕的联系，他们通过媒体，就有一个渠道让基于乡缘或业缘等的互动处于一种持续变动的状态。这个社群在流动过程中，同步在外界和乡村进行建构，我觉得这种流动视角可以帮助我们更好地理解社会的发展。

回到我们的关键概念——新流动范式。根据英国社会学家约翰·厄里（John Urry）的观点，21世纪是一个“居住机器”的时代，“居住机器”是提供给个人或小团体居住的，“迷你型的、私人的、移动的，而且还依赖于数字能”的技术设备。①由于有了这些居住机器，现在的人类生活在信息的、影像的、移动的全球网络和流动之中。人是作为这些各种各样的可居住的、移动机器的各节点而存在的，所以大家注意界定的关键词是节点。通过这种非线性节点的联系，人和人、人和物包括围绕虚拟中心产生的信息流动和整合就有了很多的可能性。卡斯特关注的是一个整体的社会结构或者流动中的社会结构，而厄里更关注节点，更多从社会关系的角度切入社会空间中的流动现象。戴维·莫利（David Morley）承接了厄里关于新流动范式的理论资源，将社会科学中的流动性引入传播研究，通过重新定义传播，将实体空间和虚拟空间加以连通和接合。②我们应该将新语境下的传播视作一种关系性的存在，重点探析新的媒介技术及传播方式与人、群体的社会性、文化性连接，进而去把握中国城市传播的新场景。传播学是一个舶来的学科，现在我们的重点在于创造自己的学术研究体系。其实传播关系在中国和欧美是很不一样的。举个简单的例子，比如我们经常说的语境。中国人讲话的语境

---

① 参见 Mimi Sheller，John Urry. “The New Mobilities Paradigm”. *Environment and Planning* 2006，38(2)：pp. 207-226。

② 参见[英]戴维·莫利：《传媒、现代性和科技——“新”的地理学》，郭大为等译，北京：中国传媒大学出版社2010年版，第195—196页。

大多是一个高语境环境，我们经常说出一句话，要结合丰富的环境因素来理解，所谓言外更有意。但在西方，你一定把话说清楚，说得不清楚不行，因为他的语境不同。我们在解读关系性的存在、关系性的传播的时候，一定是结合我们的社会来看待这样一些问题。

具体到某一个群体中，去深入研究这一群体如何通过传播、通过关系节点去输出观念、传递规则，这是很有趣的。我近年研究的一个主要对象是流动社群，如进城务工者以及他们的子女。流动社群，被赋予了陌生人、边缘人、旅居者和新来者（New comer）等不同说法。所谓“陌生人”，有点像以前乡村的货郎，他打敲着拨浪鼓，来了又走了，他在这里是没有根的，今天来明天就走。所谓“边缘人”，这种表述有个预设，更多强调的是一种排斥和歧视的视角。而“旅居者”，则意味着虽然迁到一个陌生的地方，但保持了源出文化的特征。当然其中最积极的表述还是“新来者”，即被视为对国家或者说这个社区有新贡献的人。大家可以关注芝加哥学派罗伯特・E. 帕克（Robert Ezra Park）的《移民报刊及其控制》（*The Immigrant Press and its Control*）。[①]作者关注到不同国家的移民在美国“大熔炉”之中的融合问题，他们如何用媒体去塑造共识，去达到新的平衡。

讲到这里，我想聊一下我自己曾经做过的一项关于流动中的儿童的研究。G. H. 埃尔德（Glen H. Elder）的《大萧条的孩子们》（*Children of the Great Depression*），曾经以加利福尼亚大学奥克兰个人成长研究机构的档案数据为基础，考察了大萧条前出生者家庭生活的变迁及其后果。[②]该项目从1931年启动，持续到二战时期、战后的20世纪40—50年代，再到60年代，一直追踪研究加州奥克兰的大萧条的孩子们，并以经济受损、危机或困境、适

① 参见[美]罗伯特・E. 帕克：《移民报刊及其控制》，陈静静、展江译，北京：中国人民大学出版社2011年版，第9—10页。

② 参见[美]G. H. 埃尔德：《大萧条的孩子们》，田禾、马春华译，南京：译林出版社2002年版，第6—7页。

应性、关联、出生组这五个概念来建立比较。这项研究把历史学、社会学和心理学的观点同表征个人经历、取向和行为的纵向研究数据结合起来，追踪社会变迁对生命历程的影响。2008年前后，我关注到了这项有温度、有深度的研究，受其启发，我开始思考类似的问题：今天的境遇、今天的媒介使用，会给中国城市中的流动儿童带来怎样的影响呢？2014年，微博崛起，儿童的媒介环境发生了很大变化，我继续跟进研究。

研究中发现，流动儿童在城市的融合遇到了很多现实困境，如学校老师与流动儿童之间的二元互动有限，志愿者与流动儿童关系呈现出间断的、非稳定特征。基于学缘、地缘、血缘形成的同伴群体，其内部融合度整体较高，但与城市同伴的交流尚存在隔阂。当然还有心理融合的部分，自我同一性发展的阶段性需求与社会排斥的碰撞易引发心理危机。从媒介的功能性诉求来看，流动儿童在其“再社会化”的过程中，倾向于通过不同的媒介组合的选择，构建自身信息系统，来应对其融合过程中的重重困境。由于“照看者”在流动儿童融合中呈现功能性缺位，所以媒体在流动儿童的文化资本累积中作用凸显，网络在该群体的新闻信息获取中扮演着越来越重要的角色，电视媒体是该群体对于突发事件认知的主要来源，网络已超越传统纸媒成为该群体获取新知识最主要的路径。流动儿童通过与媒介的互动，延伸感知的触角，进而满足自身的娱乐、认知、交往、认同需求。

我们基于以往的研究和实际情况做了四大假设：（1）流动儿童与城市儿童相比，整体来看更易在现实中模仿电视、网络暴力传达的行为信息。（2）处于“同质”教育情景中的流动儿童相对于“异质”教育情景中的流动儿童来说，更易沉浸在媒介生产的景观世界中，进而更容易受到媒介暴力内容的影响。（3）家长的文化程度及其对于儿童媒介接触的介入程度，对于流动儿童的媒介暴力认知有一定的影响：家长文化程度偏低的流动儿童，更易受到媒介暴力的影响；收视过程中较少受到家长限制或较少得到家长陪伴的流动儿童，更易受到电视暴力的影响。(4) 流动儿童的性别、年龄等个体特征将制约媒介暴力对其的影响程度，男孩可能比女孩更容易受到媒介暴力的影响并产生模仿行为，年幼的儿童比年长者更容易受到媒介暴力的影响。

我们的结果显示，与城市同龄人相比，流动儿童并非媒介暴力内容的易染人群。基于群体间的比较研究，我们可以得出：在对于媒介暴力信息的接收与判断中，儿童的性别、儿童的年龄、儿童看电视时父母的伴随状态、儿童的受教育情境等变量，与流动儿童对于电视暴力的收看和模仿倾向有一定的相关性。我们得出：(1) 随着年龄的增长，流动儿童对于电视暴力内容的理性判断呈现出了先升后降的特征；(2) 性别图式对流动儿童媒介暴力免疫程度影响较大；(3) “异质”教育情景中的流动儿童对电视暴力的免疫力较强；(4) 双亲陪伴儿童共同观看模式下的流动儿童对电视暴力的免疫力较强。个体、媒介和环境三者之间的互动关系对自我效能的呈现有着显著影响。流动儿童在这一过程中表现出亲社会行为与缺乏安全感的双重特征。他们往往表现出对他人友好、愿意帮助的态度，但由于环境的变动和社会支持系统的不足，其内心常常缺乏安全感。这种不安全感可能使他们更加敏感和易受外界影响，特别是在对电视暴力内容的认知上，流动儿童常常会出现“第三人效果”，即他们倾向于认为电视中的暴力内容对其他人（第三人）影响更大，而对自己的影响较小。

在之后的研究中，我慢慢将流动的群体研究对象转向了城市社会中的一些新社群，如网约车司机、快递员、外卖员等，开始探讨在一个个以业缘关系形成的移动社区内，当社会经济身份被隐入后台时，活跃小团体如何成为信息结构中心，核心成员的声音为何更容易被传递，他们的诉求和支持供给为何更容易被达成，什么是道义，什么是违约，尺度如何在群体协商中形成。这种由社交媒体传播逐渐形成的道义和约束具有一定的特殊性，从社区到虚拟社区的发展，让伦理观的传递有了更多元的可能。从传统的地域社会联系和互动，到现在地域性社区感和关系型社区感的发展，也让伦理观的发展有了更多元的样态。

自由阐述

边尚泽：我认为目前传播媒介的变化导致了公共空间的缺失。之前人们通过集会等方式进行信息传播时，共同使用一个媒介或者说公共空间，从而自然地生成了公共空间。然而现在人们使用手机等智能设备作为媒介，使得信息传播自然地就在一个私人空间发生，并且人们的交流也在私人空间发生而非在公共空间。这也可以表达为，之前信息传播要求在一个实践空间内发生，人们彼此通过血缘等关系相互联系，人们的交流也包含了实践空间的内容。但现在人们只是根据自身的喜好而形成社群并相互连接，信息交流生活和实践生活相互分离，从而带来了人与人的疏离和原子化等问题。人们在现实生活中实际上缺失了一个公共符号，人们在自身的符号系统内孤立地生活，虽然在生产和生活之中彼此相伴，却没有公共的符号来支撑彼此的交流。而公共符号的缺失实际上也来源于公共空间的缺失，符号和空间实际上是彼此支撑、互为表里的存在关系。然而现在的许多公共符号失去了其空间性，比如人设化的偶像角色，标签化、符号化的故事叙述。这样的公共符号完全没有其具体的、实际的生活空间的指向物，使得人们的符号系统严重偏离生活，导致一起生活的人实际上无法在符号概念的世界中找寻到任何可以公共使用的符号，而公共使用的符号却偏离了其生活的实际。

郑舒文：社会学家鲍曼（Zygmunt Bauman）以“流动的现代性”（liquid

modernity）来概括现代社会形态的变化，认为时空已经“变得是流程性的、不定的和动态的，而不再是预先注定的和静态的”。在中国城乡二元结构下，为获取更多的生存资源，人口（尤其是青年人口）趋向于从乡村流动到城市、从三四线城市流动到一线大城市，从而产生了一批离土离乡的流动群体。离土离乡之后的流动群体普遍会面临双重困境，即留不下的城市与难适应的乡村，这使得他们处于双重边缘，难以获得身份认同感，从而诱发更大的精神危机。媒介在其中起到的作用，从积极的层面来讲，其一是使得人类社会的各种关系网络得以建立，打破人们社交上的时空限制，使人做到“永恒在场”；其二，流动群体长期都处于一种被讲述的位置，新媒体能够赋予这些群体一种自下而上的建构自身形象与话题的能力，这是一种“被看见”的权力，这会成为流动群体将自己嵌入新的社会环境的一种方式，使其获得“位置感”，缓解其“存在性焦虑”。然而，从消极的层面来讲，传媒娱乐业的无节制发展，也使得大众文化正在成为“充满感官刺激、欲望和无规则游戏的庸俗文化”，变成一种新型精神麻醉药物。一些媒体的逐利性使得其道德水准和价值追求一再降低，越来越多的文化垃圾被生产出来推向“市场”，而与这个“繁荣”的市场相对应的，是社会既有的价值体系被解构，新的价值准则却因市场的多元化需求而无从建立。

沈洁：以“蜀中桃子姐”为例，她是美食博主领域里的一匹黑马，主要分享的是家庭川菜的制作与享用、乡村生活等内容。她发布的视频内容十分接地气，因而被不少网友称为“人间烟火”和“热气腾腾的人生”。这让生活在农村的普通人有了共鸣，而且在一定程度上弥补了很多在城市里生活的人无法返回乡村的遗憾，也慰藉了在外漂泊不能返乡的乡土情。随着“蜀中桃子姐”账号粉丝量不断增加，桃子姐带火了川菜美食销售（钵钵鸡、卤牛肉等），她带货只带自家工厂生产的“蜀中桃子姐”商品，如钵钵鸡调料、麻辣兔头、麻辣萝卜干等。自带货以来，其带货累计金额已达上亿元，每个月带货超百万。从这个自媒体账号的内容发布及附带的带货转化能力分析，我认为新媒体传播传递了信息，让农村人能够脚踏土地，放眼世界，形成乡村文化自信。目前中国已经出现了很大一批乡村网红（李子柒、滇西小哥、蜀中桃子姐等），让人们感受到乡村生活的自然与独特，同时也让世界感受到丰富多彩的中国文化。新媒体传播也发展了经济、促进了乡村产业振兴，“直播＋电商”的新业态模式吸引年轻人返乡创业，带动当地产业发展，促进县域旅游经济。这是媒介带来的正向作用，但还需要警惕乡村题材沦为吸引眼球、刺激互动的噱头，甚至是数字狂欢的牺牲品。

张萌：媒介以一种自上而下的方式“下乡”，打破了乡村的封闭性，乡村传统的伦理生态受到冲击，但目前来讲，我们很难说这种冲击是正面的还是负面的。不过可以确定的是，媒介给乡村带来了一种破裂的关系，并伴随着乡村的“文化不自信”的加强。乡村文化时常被以一种猎奇的心态关注，伴随着“审丑”的出现，乡村被凝视着。同时出现了摒弃乡村传统文化的现象，乡村文化乃至乡村正在以肉眼可见的速度消逝。

流动群体面临着对于身份问题的确认。对于流动群体来说，城市很难留下，而乡村又回不去，流动群体会有一种“无根”或“孤独”甚至“多余”的感觉，会对城市和乡村产生疏离感。在这样的感受下，流动群体要么崩溃，要么急切地寻找一个可以栖身的共同体，以获得安全感和确定性。在这样的状态里，流动群体容易在顺从倾向中心安理得地做出不同于以往经验指导的事，原先生活环境中奉行已久的道德规范轻而易举被改变。流动群体永远会比其他人多一种负担——对安全感和确定性的追求。基于此，流动群体并没有建立伦理秩序，他们多表现为入乡随俗，在不同的生活环境中遵循不同的伦理规范，不断重构着关于自己和生活环境的认知。

陈佳庆：我就属于庄老师所关注的流动人群中的一员，我想这样一个身份确实给我的性格和对未来的预期产生了影响。我是从南通海门一个村子里走出来的，小时候是留守儿童，上学以后就一直在不同的地方求学，在这过程中我不断经历着亲密关系的中断和重建，导致我现在不擅长维系一段长期的朋友关系并且渴望获得一个稳定的地域身份。我想这就是所谓的同一性危机，而根据科斯嘉德（Christine M. Korsgaard）的规范性理论，“实践同一性”正是道德规范性的来源，人们具体的同一性观念提供了义务和行动理由，新流动范式下产生的离乡人群会缺失部分同一性观念，进而在伦理生活中面临问题。媒介技术的发展和人员迁徙现象还会导致另一种变化，洛克（John Locke）将合法政府建立在契约普遍同意的基础上，而休谟（David Hume）批评了这种观点，认为普遍同意是不可能达成的，很多人对于政府的顺从只是基于无法离开故土的无奈，因此在过去我们必须寻求共识。但是现在新媒体技术和迁徙的自由，使我们可以自由地加入任何共同体，我们有了达成普遍同意的可能渠道，却降低了对于达成共识的渴望。伦理规则就是一种共识，因为它要求一种普遍性和客观性，所以新技术和新流动范式下许多旧的伦理规范在瓦解。为此，我们急需建立新的道德话语体系和伦理规范来指导现代人的伦理生活。

赵子涵：我更多从媒介化社会视角来分析其中的伦理问题。首先，虚假新闻多、失真性信息的传播不禁让我们反思，我们离真相到底是越来越近了还是越来越远了？抑或是都有可能。同时，新闻和广告之间的界限更加模糊。其次，这之中存在信息茧房与思想固化的风险。我们都会更多地倾向于自己感兴趣的，大数据、算法也会更多地给我们推送相关信息，这样便会加剧信息的窄化和群体极化，也会强化社群区隔与群体性孤独。再次，这之中一是存在新媒介暴力，包括内容暴力、渠道暴力和技术暴力，尤其是技术异化现象与价值理性的缺失；二是存在过度资本化与泛娱乐化倾向，资本的涌入导致很多的传播内容是技术、资本、算法的推送，人们主动接触的是已经被筛查过的新闻，而这一过程可能会让我们丧失批判向度与人的主体性地位，尤其是导致价值以及人的主体意识的空虚与消解。针对这个问题，我认为我们更应该清楚地定位社群中的人与传播媒介的关系：人是媒介的中心要素，人的主体地位不能被湮没，人应当善用媒介工具，不能丧失工具理性；也需要明确传播媒介与社会的关系：媒介社会离不开社会伦理的限制，媒介社会应与现实社会融通，更好地促进社会消息的流通，加强人们之间的互动，让社会更好地做到良性运转。

吕雯瑜：新媒体较好地实现了人们个性表达与即时交流的传播诉求，吻合了乡村社会及村民的信息自主性需求。新媒体传播是一种参与体验的传播模式。它一改过去传播者与受众群体分离的模式，使每个人都成为网络的一个传播节点。传播过程中，传受关系不再二元对立，而是双方都参与体验。离开受众，新媒体传播就不复存在。同时，它也是一种为我所用的使用方式。也就是说，新媒体的传播内容和使用方式由使用者根据需要自主选择，对受众的技术要求会更低，有利于满足农村网民的自主需求。同时，新媒体将传播活动还原到人类原始的自在传播状态。由于媒介技术所限，传统的大众传播是单向传播，接收者处于被动的状态，除了选择看与不看，对于看什么、什么时间看的选择余地很小。而新媒体颠覆了这种结构，让受众变成主动的、自在的使用者和传播者。看与不看是每个网民的自由行动。由新媒体使用所带来的村民生活观念、组织观念、生产观念等的变化，彻底颠覆了传统乡村的社会关系和生产关系。被新媒体影响的乡村生活正处于建构过程中，网络购物、网友推荐等现象是这一新型社群关系的典型观照，网络关系、网络社群逐渐占据村民的私人空间，网络电商、网络营生成为一种常见的工作类型。在这种背景下，乡村社群伦理秩序也在不断地变化和重构。我认为，新流动范式下的乡村社群伦理秩序需要通过多元文化包容、经济共享发展和社会责任参与等途径来实现新的秩序构建。

盛丹丹：针对离土离乡之后流动群体的伦理困境这一问题，我认为比较突出的是流动群体的道德责任缺失问题。从马克思主义伦理学来看，道德责任是社会关系的产物，它产生于人与人的社会交往，是人在社会交往中与他人、社会之间关系的规定。在新流动范式之下，流动人群面临着社群环境不断变换的情况，其所需要承担的道德责任相应体现出多样性与多变性的特征。此外，道德责任追究的最主要问题是责任归因。西方伦理史上最早谈论责任的亚里士多德认为“道德责任归因于理性的主体”，这样的主体是具备知识和自由的道德责任行为人。人的一切行为都是有目的、有计划且自愿选择的，人需要对自愿选择的行为负责任。黑格尔（Georg Wilhelm Friedrich Hegel）以自由意志视角出发，进一步深刻认识到了道德责任归因的复杂性。他认为在责任归因问题上，不仅要看到行为出发者的自由意志，还要看到行为过程中的诸多偶然性因素，综合多方原因和情况之后才能够确定责任归属问题。新流动范式下，各种主体因流动变化而更难以确定道德责任归因。其一，流动群体因流动于不同的社群，在承担多重道德责任时能力受限。流动群体并行于多重社群中，不可避免地会被分散主体精力，难以担负相应的责任。其二，流动群体主体性受损。不同于人在社会交往中的多重并行身份，在新流动范式之下的流动主体的自我意识以片段的形式出现，主体获得片段式身份，而片段之间存在的客观沟壑难以弥补。其三，流动群体的不确定性增大了社群稳定风险。社群中流动群体若缺乏必要的自由条件，甚至必要的认知条件，以及群体交往中的隐蔽性，都会大大提升流动群体行为的不可预估性，从而影响社群的稳定性。

主讲人 问题回应

同学们的讨论中包括了很多跨学科的问题，都非常有意义。

边尚泽同学的发言涉及内容颇丰。就符号层面而言，传媒学科中有如下一种观点：当传播者把信息传播出去以后，其实在一定程度上已经失去了对信息的控制。原因在于符号的编码与解码受到个人的知识体系、所处的社会结构、掌握的基础技术等因素的影响。如何看待社交媒体时代的信息传递？这个问题较为复杂。值得关注的是公共空间和私人空间的边界问题。目前看来公与私的边界已经模糊了，这值得我们进一步关注与讨论。

郑舒文同学谈到了媒介会带来麻醉社会的问题。尼尔・波兹曼（Neil Postman）《童年的消逝》（*The Disappearance of Childhood*）、《娱乐至死》（*Amusing Ourselves to Death*）也提及了相应的问题。阅读活动具有一定的门槛，如文字识别、理性思考等，而电视的出现让成人和儿童的认知门槛消失了，一切信息都能够在成人和儿童之间共享，儿童几乎都被迫提早进入成人世界，"童年"逐渐消逝。这之中涉及媒介正负功能的讨论。其实这一问题目前在新媒体平台上更为突出，尤其伴随着短视频成瘾等问题的出现，我们要对这些问题予以必要的干预。

媒介对人的自我同一性、身份认同影响非常大。比如我的学生曾做过关于藏区青少年的媒介使用与地方感的研究，其中谈及孩子的媒介使用对于自身文化身份认同的影响。媒介最大的魔力可能在于能用一种近乎自然的方式进入我们的生活，并对我们的意识产生深远的影响。因此，伦理问题的讨论已经很难与传播划清界限，传播渠道、媒介使用、话语分析等可以有助于我们更生动地理解中国伦理图景。

评议人 总结点评

我认为跨学科研究范式会通过学科之间的碰撞让我们发现新的研究火花，进而在已有研究基础上产生研究的“新动能”。以乡村伦理共同体为例，传统乡村伦理共同体的成员相对固定，而今天的乡村伦理共同体所包含的已不再是固定且彼此熟悉的人员，陌生人、边缘人、旅居者等都是其中的一员。因此，乡村伦理共同体的重建可以从流动的人群这一视角出发，通过对人群分类发现其中的联系与区别。根据田野调查和历史资料发现，乡村的传播中心最开始是水井、河边，后来是“大喇叭”，再到有电视、有无线网络的地方……村民们聚集在传播中心评价某个人、某件事，这些传播中心发挥了公共道德平台的作用。随着乡村生活水平的提高，村民们逐渐依据自己的兴趣形成新的传播中心和公共道德平台，如乡村春晚和乡村戏剧舞台。我们可以根据传播学理论、伦理学知识和田野调查数据，继续深入研究乡村伦理共同体和公共道德平台。这些是庄老师给我们的启发，这些启发正是跨学科交流的魅力，也是我们举办工作坊的意义所在。

第八期　直面网络暴力

——自救与他救*

主讲人：张萌

主持人/评议人：王露璐

与谈人：吕甜甜、焦金磊、吕雯瑜、沈洁、刘壮、陈静怡、石子琪、边尚泽、赵子涵

案例引入

杭州女孩郑灵华因一组染着粉色头发向生病的爷爷告知自己考研成功的照片引起争论，遭遇大规模网络暴力。郑灵华曾向媒体透露她因为遭受网络暴力患上了严重的抑郁症，身体和心理产生巨大问题。面对严重的网络暴力，她曾试图积极调整，主动向心理医生求助，也选择用法律保护自己。但不幸的是，2023年1月23日，她选择结束自己的生命。郑灵华遭遇的网暴不限于被无良营销号盗用照片、造黄谣、辱骂、侵犯隐私等，这也是大多数遭遇网暴的受害者经历的网暴形式。尽管政府和网络平台采用各种方式阻止网络暴力的发生，但近年来网络暴力依然层出不穷，受害者轻则陷入巨大焦虑，现实生活和工作受到影响，重则失去生命。面对严峻的网络暴力问题，社会各界从不同角度就网暴的表现形式、成因、解决方法等问题展开了激烈讨论。

---

* 本文由南京师范大学公共管理学院博士生张萌根据录音整理。

主讲人 深入剖析

网络暴力主要以辱骂、造谣、泄露隐私等形式表现出来，进而形成网络舆论压力，产生信息骚扰、人身攻击等危害，甚至发展为线下的压迫和暴力。我们可以看见其中包含这样一种逻辑，即实施暴力的人是通过网络技术造成恶果。在网络暴力行为中，网络技术、匿名性不是网络暴力的成因，它们只是增加了实施暴力者的侥幸心理，只是加剧了网络暴力。匿名作为技术手段的产物，并未脱离人和技术的掌控，所以以匿名为代表的技术手段不足以成为网络暴力的实质成因。网络暴力应该聚焦于暴力本身，网络只是暴力这种行为的载体，而非其产生的原因。归根结底，网暴是作为主体的人的问题。

对实施网络暴力的主体进行分析，我们可以发现存在两类实施暴力的主体：单纯的坏人和没有界限感的人。单纯的坏人知道自己在作恶，就像前段时间爆出来的“约死群”一样，他们知道自己的行为会带来什么样的后果，但是依然决定促进这样的事发生，或者正是因为知道有什么样的后果才去做这样的事。同时他们知道自己做的事有匿名身份带来的隐蔽性和维权困难赋予的隐蔽性，他们很容易逃脱惩罚，所以增加了做出如此行动的胆量。这种心理和对于此行为的实践会促使其不断做下去。单纯的坏人做出的网络暴力是基于恶产生的暴力，他们通过自己实施或者引导他人对受害者进行辱骂、造谣、人肉搜索等行为，以一种抽象的手段否定别人，获得自己心理上的快感，或者找到自己在社会中的位置。这种由恶衍生的网络暴力，让暴力实施者在网络共和国中以数字公民的身份作恶。

没有界限感的人会引发两种行为：基于情绪宣泄产生的暴力和基于朴素道德判断产生的暴力。第一种，基于情绪宣泄产生的暴力。在网上进行情感表达的人，意在以一种现实无法达成目的的途径，在网络上寻找一种能够表达自己且可能引起别人关注的形式，在别人的私人领域里指点某个人、某件事以及表达自己的情绪。这是现实中没有获得关注的虚拟投射，他们试图在虚拟世界中获得自己在社会中的位置。这也是一种没有界限感的行为。没有界限感的人在被遮蔽的事实面前的情绪表达向我们表明，网络暴力一个非常重要的原因是加害者本身不具有或者缺少情感生存的能力。这也是我最不明白的地方，按照我的生活经验，在网上遇到类似的事，我最多是“闪过念头，然后走过”，很少在网上对着别人进行情绪宣泄。情绪宣泄产生的暴力实际上是没有界限感的人在做一件没有界限感的事情。网上的情绪表达是容易的，而且容易传播，于是群体作为事件的参与者以情绪化诉诸暴力的行为产生大的影响。网络此时强化了群体的行为，得益于便捷的手段，一片片雪花的叠加就演变成了雪崩。

第二种，基于朴素道德判断产生的暴力。某人知道自己在做一件与自己关系不大或者无关的事，但心中朴素的是非或正义观念促使他们简单地作了道德判断，进而参与了这件事，造成了恶果。当我们意识到一个人不能辱骂他人的时候，我们心里对于辱骂他人这一行为是有正确认知的，即辱骂他人是错误的。但是往往有人意识到了对方辱骂他人的行为错误，继而用相同的方式辱骂对方，也就是“以暴制暴”。基于朴素道德判断产生的暴力，一部分源于对传统伦理价值观的维护。例如“刘学州案”，除了有人单纯作恶，一部分人实施网暴的原因在于对孩子与父母关系的传统维护。在他们心中，无论父母做了多大的错事，身为孩子都得遵守长幼有序的伦理观。基于这种传统的价值判断，一部分没有界限感的人容易做出失范的行为，也就是以正义的名义实施暴力。但这种价值判断的来源并不是理性思考的结果，有的人甚至在造成恶果的时候，用“乐于助人”等理由合理化自己的行为，意指这种行为是好心办了坏事。因此，在此意义上，这种暴力比第一种更复杂，它结合了善的观念与恶的结果，也是我重点关注的一种。我在这里想说明，基于个体良心的道德判断是不可靠的。“良心唯一可凭靠的内容除它固有的直接的个别性之外，别无其他，虽然它向来认为自己并非什么个别性，而是代表了普遍的真理。它实际上是一种变幻莫测的情感，是一种情绪。”[①]也就是说，当一个人作出“我觉得你做错了”这一判断的时候，他是在主观的、情绪化的状态里表明自己的意思。基于这一主观情绪化的道德判断的行动，是没有真正的基础的。个人的伦理价值观或者说道德规范在一定程度上是无法作为行动依据的。我将之称为朴素的道德判断或者正义观念，就是说，一个人所依据的道德判断和正义观念是经不起验证的。正如康德所讲：“我们总是喜欢用一种虚构的高尚动机来欺哄自己，事实上，即使通过最严格的省察，永远也不会完全弄清那隐藏着的动机。因为从道德价值上说，并不是着眼于看得见的行为，而是着眼于那些行为的，人们所看不见的原则。”[②]因此，基于这种信念出发的行动，是一种伪善，而结果也必然是恶果。

在对这一问题进行分析时，我惊讶地发现，我们的认知已经分裂到了一种极端的地步，即在一个人眼里是毫无道理并明显错误的事情，在另一个人眼里却是无比正确的事。以杭州女子取快递被造谣事件为例，即便法院已经判决造谣者有罪，但是依然有人说“不就开了个玩笑嘛”。在类似这样的话里，我甚至不能分辨说这种话的人是真坏还是单纯这么想。尽管这样的想法很难理解，但是面对日益严重且十分令人痛心的网络暴力事件，如果我们是当事人我们能够做什么？我们是旁观者，又能够做些什么？

“在《塔木德》中有这样一句话：‘如果我不为自己，谁会为我？如果我只为自己，我是什么？’如果我们用复数形式来重新表述这句话，就变

① 庄振华：《道德是否有界限——以黑格尔的“道德世界观”论述为例》，《道德与文明》2020年第5期。

② ［德］伊曼努尔·康德：《道德形而上学原理》，苗力田译，上海：上海人民出版社2012年版，第19页。

成：'如果我们不为自己，谁会为我们？如果我们只为自己，我们是什么？'不论我们如何来回答最后一个问题，答案都必须建立在'我们首先是人'这一前提之上。如果我们不得不通过在我们自己的名称前面加上某些生物学标签来限定我们的答案，那么，我们就在试图为否认他人的人类品性寻找理由的过程中否定了自己的人类品性。"[①]也就是说，我们首先是人，如果我们不保有我们人类固有的品质，那么我们就是在自我否定。这就和我们为什么会对网络暴力这件事负有责任一样，尽管我们是旁观者，但是我们发现其他人遇到这样的事情的时候，要产生"我有余力，我要帮忙"的念头，并实践这样的念头。

那么，面对网络暴力，我们能做什么？

对当事人来说，需要进行自救。首先要勇敢。勇敢作为一种品质，《中庸》里讲它是"三达德"（"知、仁、勇三者，天下之达德也"）之一，亚里士多德认为它是"四主德"之一。勇敢是一种德性的选择，是对恐惧的否定，对恶的反抗。我觉得取快递被造谣的受害者做了一个很好的示范——坚持维权。辱骂造谣这类的事件，在法律上一般来说是自诉事件，也就是受害人自己去维权。她身上表现出来一种非常高贵的品质——勇敢。面对铺天盖地的谣言，她选择直面，并一直在推进这件事。当然我们不能以此来诘难那些作出不同选择的受害人，因为心理承受能力、时间和金钱成本都需要考虑。我们不得不承认自救是困难的。面对纯粹的恶，自己的力量是有限的，且实施暴力的人不会因为恻隐之心、羞恶之心停止自己的行为。因此面对这一行为，我们需要借助外力，即实施他救。人们实际上处在一个道德共同体中，在这里，人们相互负担义务并有意义地分享着他们的愿望。我认为我们可以从以下方面思考如何从外部解决网络暴力问题。

---

① ［美］富勒：《法律的道德性》，郑戈译，北京：商务印书馆2005年版，第208—209页。

首先，重新思考普遍规范性的道德学说。普遍规范性的道德学说是没有用的，完备系统性的规范道德学说会阻碍人们对社会和人性的真正认知，长幼有序就是这样一种规范性的道德。也就是说，规范性的道德在普遍意义上是正确的观念，但当我们面对具体的情境时，它不具有实践性。就像康德的普遍公式一样，我们在普遍意义上使用它的时候，它会很有道理，但当我们将其用于具体的实例时，我们就得不断修正它。因此，面对具体的情况，我们基于道德判断的行动经不起考验。规范性的道德不能作为具体行动的依据，所以我们面对网上的信息要表达情绪的时候，是不应该基于朴素的道德判断来作出行动的，因为这些道德判断只能在宏观层面给予我们一种观念，而非告诉我们在面对具体问题时，我们能否这样做。人是思考着的存在者，思考是人的一种能力，只有通过这种能力，人才能超越现存世界的界限，从而寻求更广阔的空间。在网络空间里，对于数字公民而言，思考具有更重要的作用。“思考是反抗式的，是对一切人们业已认为理所当然的价值、规则和规范的审查、反思甚至瓦解。思考活动面向人类事务本身，面向具体的问题与处境，这就使得思考不是依据既有的习俗、法律或者规则来进行……思考旨在消除公认的行为规则，并摧毁或揭露未经检验的假设。”①

其次，提倡法律的道德性，实现法律的应然和实然的统一。现有法律对严重的网络暴力一般定为侮辱罪、诽谤罪、寻衅滋事罪等。同处理现实中的暴力事件类似，针对网络暴行应作出及时且有效的威慑与惩罚，将恶行限制在笼子里，或者在法律上给予受害者应得的正义，这是法律的实然。但是法律不应止步于此，它应该成为一种目的性事业，如果它不能作为目的存在，而仅仅是手段的话，那么将无法保证它在整个社会脉络中发挥稳定性。因此，法律应该是实然和应然的统一，它应该具有内在道德。法律的内在道德

---

① 徐亮:《思考活动的伦理意义——阿伦特对“平庸之恶”的破解》,《武汉大学学报(人文科学版)》2017年第4期。

呈现出所有这些面向，它包含着一种义务的道德和一种愿望的道德。它同样使我们面对这样一个问题：要知道在哪里划出一条分界线。在其下，人们将因失败而受谴责，却不会因成功而受褒扬；在其上，人们会因成功而受嘉许，而失败却顶多会导致怜悯。也就是说，义务的道德从最低点出发，它规定了人们那些最基础的行为，如果人们达不到就会被谴责，达到了却不会被表扬。而愿望的道德是一种最高的境界。法律指向的是一种义务的道德，维护的是人们生活中那些最低限度的道德共识，如果它向上延伸，追求愿望的道德，会造成法律和道德的界限模糊，最终导致面对人类事务，法律和道德都将无能为力。但如果法律只关心义务的道德，就会造成人们对于身边人和事的冷漠，即只需要做到最低的限度即可，久而久之，会产生一种关于践行“恶”的价值观念。因此，法律要想真正成为人践行自己生命的良善手段，就得拥有一种“内在道德”，即对愿望的道德的追求。富勒认为：“法律的内在道德所关注的不是法律规则的实体目标，而是一些建构和管理规范人类行为的规则系统的方式，这些方式使得这种规则系统不仅有效，而且还保持着作为规则所应具备的品质。”①就是说，良好秩序本身是具有道德性的。当法律具有这种内在的道德的时候，无论法律还是道德，都会具有一种约束力。当我要在网络上对别人表达什么的时候，我有依据确定自己应不应该表达，进而规范自己的行为，而不是觉得依据我的价值判断就可以。不仅如此，面对网络暴力，仅仅有法律依据是不够的，重要的是，如何让这些法律依据在面对复杂的动机与结果时，发挥它之于社会的作用。仅仅惩罚恶行是不够的，仅具备技术目的是不够的，它应该实现“公共善”的目的。我在这里想说的是，我们的法律还不够完备，它只告诉了人们可以用法律去维权，但没有实现在整个社会脉络中回应受害者对公平正义的诉求。也就是说它看

① ［美］富勒：《法律的道德性》，郑戈译，北京：商务印书馆2005年版，第114页。

起来是一劳永逸的。这也就是即便案件已经结束，但受害者依然遭受“余暴”的原因所在。受害者遭受的伤害是不会消失的，他的名字、他维权的事迹会被一遍遍拿出来讲，这对他来说就是一种余暴。因此，我们的法律是否能针对这些事做些什么，这是值得讨论的。

自由阐述

边尚泽：主讲人谈到良心的判断是不可靠的，所以应当诉诸一种超越良心的存在，她认为人应该寻找一种本质的品性，并且依照其内容开展道德行为。但我的观点是人的本质属性就是“良心”，所以这就形成了一种逻辑上的矛盾。另外，主讲人认为人不加反思的行动造成了网络暴力，人反思的内容不仅要有普遍性的内容，也要有具体性的内容。但是我认为，这仿佛在要求每个人成为足够厉害的道德学家，并且每个人在实施行为前要进行既有普遍性又有具体性的道德反思，这样网络暴力才可以根除。我认为这对于每个人的要求太高了，如果达到每个人都是道德学家这种程度的话，这个世界便成为美满的、没有任何现实问题的世界。

我认为，暴力是人主观上对自身受到伤害的感受，是一种完全主观的情绪。我们无法通过一个人的具体境遇和他所遭受的具体情况来判断这个人是否经受了暴力。我们可以想象这样一种情景：两个拳击手在拳击台上相互搏击，他们每一拳都会打到对方的身上并且造成确定性的肉体伤害，但是我想我们没有人会认为他们两个正在遭受暴力，他们自身也不会认为他们在遭受暴力。另外一个例子是外科手术，医生会在手术时切开病人的躯体，从各个角度来讲这都是一种明确的伤害，但是病人、医生、旁观者应该都不会认为病人是在遭受某种暴力。还有就是家庭冷暴力的行为，我们可以想象一个孩子想要和父母交流却没有得到回应，他并没有遭到任何伤害，但是我们认为他遭受了一种冷暴力。以上例子都可以佐证我对暴力的定义，即暴力只是人自身对自己受到伤害的一种感受，我们无法通过一个人的境遇来辨别这个人是否遭受了暴力。而如果承认我的以上定义，便可以得到一个结论：即使一个人真实地受到了某种伤害，但是他也可能没有自身正在受到伤害的感受；即使一个人在各方面都没有受到实质性的伤害，但他依然有可能会认为自己在遭受某种伤害。

回到网络暴力的话题中来，如果我们通过网络这种形式，确定了对某个人的一种线下的伤害，我觉得这不能归结于网络暴力。这里我要讨论的仅仅是网络空间内的暴力行为。这里面有两个问题：网络中被伤害的到底是什么？人为什么会因为网络中的那个东西而认为是自己在受到伤害，甚至会产生一种自己正在受到伤害的感受？我认为关键点在于需要进行自我边界的确立。人们把网络中的虚拟形象当成自己，但实际上那个东西不是自己本身。无论是网络上的身份、账号还是虚拟形象，以及在网络中的一些行为，我认为都不能被看作在自我边界内，但是我们有可能认为，那个就是“我”。比如，我用一个社交账号，账号名字为“尚泽边”，我在里面用了一个动漫的头像，用此账号发表一些言论，于是便有人说“你是个大笨蛋”，说话者指向的是这个虚拟的社交账号，但是人会认为这句话说的是自己。这里就形成了一个错位，即我把一个不是自己的东西视为自己，并把这个不是自己的东西所受到的伤害感受为自己所受到的伤害。因此我认为，网络暴力的本质问题在于自我身份的边界是怎样的。

我认为最终的问题在于人应该先做好一个真实的人，然后再进到自己的虚拟社交生活中去。或者说，如果一个人在现实中获得了足够的来自他人的真切关爱和友善以后，即使他在网络上受到了一些我们姑且称之为暴力的行为，他也不会将其视为一种对自身的暴力，因为他明确知道自身的边界，以及自身是存在于这个现实的实践世界之中的。而网络上的那个空间，仅仅是为了满足自己某些情绪还有心理的需要所虚构出的一个世界而已。

焦金磊：边尚泽同学的观点可能会造成一个非常严重的问题，即直接把网暴这个现象消解了。在他的语境下，网络暴力会变成一个人心理的脆弱。就比如前面谈到的粉色头发女生的自杀一事，按照他的理论，我们的正确行动应该是劝她不要自杀，并且责备她过于不坚强。但是我认为他很有道理的一个地方在于讨论了网暴到底是一种伤害还是一种客观实在，这也是我觉得很难定义的一个地方。我认为对于这个问题需要分两步去讨论，第一步是我们需要讨论如何定义伤害，伤害到底是一种感受还是一种客观实在？第二步是讨论如何定义网暴。我发现定义网暴也很困难，第一个问题是，如果网上一句常识性的观点，或者攻击性不那么强的一句话导致了别人的自杀，比如说我的留言是“你的腿真粗”，我本身是没有恶意的，别人可以评价我没有情商，但我只是在进行客观描述。但是，如果我评价的这个人很在意，并且因为这句话自杀了，那么我是不是在网暴他？这个问题很难回答。第二个问题，当我们定义网暴的时候，必须要对网暴进行拆分。那么，网暴必须是具有攻击性的，还是必须要有民意的集中性？即被认为是网暴的一句话，它到底必须要有攻击性，还是必须要获得特别多的点赞？我们假设“你的腿真粗”这句话没有攻击性，但是当它的点赞量到达10万后，它会不会由一句原本没有攻击性的话变成了具有攻击性的话？如果这句话本身具有攻击性，但是它淹没在大量的夸赞的评论里，没有人理会它，也没有人点赞，那这个时候这句话是网暴吗？我们应该会倾向于继续认为这句话是网暴，但是它已经不会造成伤害了。主讲人用康德伦理学的观点号召我们拿出自己的意志力和勇气来应对这个问题，我认为非常好。

刘壮：我们谈论网络暴力当然离不开对暴力一词的界定，因为这是一个非常重要的哲学概念。左高山教授研究过政治暴力批判，他的博士论文对暴力作了很细致的分析。①因此我认为，暴力是我们需要讨论的一个重要切入点，只有明确了暴力的概念，才能进一步谈网络暴力。伦理学的发力点应该在对于暴力的论述上。首先，很多人会不假思索地认为暴力是不好的，甚至直接将其列为批判的对象。左教授的文章将暴力分为宏观暴力和微观暴力。宏观暴力，即战争、恐怖主义这种大规模现象，而微观暴力就包括校园暴力、网络暴力等，网络暴力本身比较特殊，在范围上更偏向于宏观。暴力是一种无时不在、无处不有的现象。我们限定的范围是网络暴力，主讲人给出的思考题中也涉及其与传统暴力之间的区别。我认为应当对暴力进行划分，纠正以往的认知偏见。暴力有好的一面，革命就是一种暴力，索雷尔（Georges Sorel）的《论暴力》（*Réflexions sur la violence*）也是在颂扬暴力，这本书把马克思主义与伯格森（Henri Bergson）的生命哲学联合起来，但也招致法西斯的骂名，因为暴力一旦运用不好，就会成为专制。革命意义上的暴力存在以暴制暴的问题，需要从纵深的角度思考这种暴力能不能获得道德正当性。因此，我认为我们应当对暴力持辩证态度，并对暴力概念进行详细界定。我也关注到，在千禧年之后网暴的出现频率逐渐增高，这跟互联网的发展速度有关。据国家相关部门公布的文件，截至2022年12月，我国网络普及率已经达到75.6%，网民规模达10.6亿多。②

我认为，网暴问题是一个长期性问题，而且与互联网的发展密切相关。网络暴力的形成因素是多元的，涉及传播学、社会学、心理学、伦理学和法学等学科，网络暴力涉及的人比较多，而且它的传播速度很快，已经超越了传统暴力所局限的某一个特定物理空间。当然，目前也有一些措施来规避网

---

① 左高山：《政治暴力批判》，清华大学博士毕业论文，2005年4月。

② 中国互联网络信息中心：《CNNIC发布第51次〈中国互联网络发展状况统计报告〉》，2023年3月2日，https://www.cnnic.cn/n4/2023/0302/c199-10755.html，访问日期：2023年4月25日。

络暴力，比如实行实名制，但实名制本身也存在许多问题。那么，规范伦理学能不能解决网络暴力问题呢？我的想法比较乐观。有一篇文章提到数字公民伦理这一概念，这篇文章讲的是数字公民伦理治理网络暴力的新路径。①在互联网没有发展之前，大家还不具有网络暴力这一观念，所以我认为这是特定历史阶段的产物。我们要有预防的意识，加强思想政治教育和伦理学建设，拓宽相关学科的研究边界。我认为可以学习发达国家的一些网络治理经验，国际上有些国家专门在网络里面设置了网络警察，依靠政府力量，制定管制性政策。另外，我认为不存在网络上的“我不是真实的我”的情况，责任意识是不能淡化的。

假如部分人将某人“不道德”的事情过分夸大、曝光，这不仅是对其隐私的侵犯，也会导致社会风气恶化。这是一种打着正义的旗号激发群体力量的行为。关于暴力的词源追溯，左高山老师的文章里提到暴力包含着热烈、狂热。比如在宗教领域，如果要审判一个异教徒，就会把他放在刑场中用刑具烫死。在这里面，宗教领袖扮演意见领袖的角色，他会以宗教信仰为正义口号煽动教徒。其实，无论是传播学还是社会心理学都存在这种问题。法律是保护人的，哪怕犯罪嫌疑人也是有人权的，所以说我觉得这里存在着到底该信哪一种道德或者什么样的法律的问题。当然，我们更加倾向于用法律解决问题，因为法律不可能完全无视道德。我们反对原始的复仇，这是普遍认可的一种文明的进步。

焦金磊：我最近几天也在思考这样的事情。这段时间有一个事件在网络上引起了广泛关注：一个小女孩到文具店买东西，文具店老板错把她当作小偷，还把她扣下来。误会澄清后，网友就开始批评该文具店，现在已经发展到给文具店送花圈、纸钱等，并“祝”文具店早日倒闭。那么，这种行为是网络

① 王静：《数字公民伦理：网络暴力治理的新路径》，《华东政法大学学报》2022年第4期。

暴力吗？有人会认为线下行为不是网暴，那在网上骂文具店老板是不是一种网暴呢？如果存在网络警察的话，在人们最早开始批评文具店老板过于苛刻的时候就该进行相对应的惩罚措施了吗？如果要封号，什么时候封才是最合适的？碰到一个邪恶的现象，大家都要在网络上批评，那么，如何区分正常的道德评价和网络暴力？毕竟所有实施网络暴力的人都一定觉得自己是站在正义的立场上，困难就在这里。网暴之所以被称为网暴，恰恰是因为它在发生之后才能判定。比如那个粉头发女生，最早大家在批评她爷爷都要去世了还在拍照，然后批评她染这个颜色的头发肯定不做好事。我们当时可能会反对这些批评，但是一定不会觉得这些批评对于女生来说是一种反常的创伤。假如我们把案例极端化，将粉头发换成文身、换成衣着暴露，如果有人发表批评性评论，大家可能会反驳，认为这是文身自由、穿衣自由，但是我们不会觉得这样的评论反常，当这些评论变多了之后就变成网暴了。对于网络警察能不能准确地处理这个问题，我还是持怀疑态度。

沈洁：我首先表明我的立场和观点，我认为所有的暴力都是客观事实。同样，对于网络暴力的定义，我认为可以从定性和定量两个维度分析。网络暴力本质上是某些人群借机发泄内心不满和部分辨别能力较为低下的网民跟风所造成的“雪崩”。因此，我们首先要在定性意义上去定义它。但是，因为网络暴力具有特殊性，也就是由互联网带来的一种持续性和开放性，所以其中的攻击行为是被无限放大的。受害者不仅会在虚拟世界受到暴力，同样的，他在现实生活中也会遭受到同等的暴力。可以认为，网络暴力是比传统暴力更为暴力的暴力，因为它不仅仅会让人社会性死亡，更会让人产生肉体和精神的创伤。面对网络暴力，我认为不仅仅要去探讨个人该怎么做，更应该聚焦于事件传播者。媒体作为社会事件的传播主体之一，也应当通过伦理教育、道德感化等方式，尽可能地避免网络暴力的产生和人为加剧。媒体应当保证相关信息的真实性、专业性和全面性，伦理先行，做一个客观的信息传播者。

陈静怡：我也有类似的疑惑，即怎样来区分网络暴力和正常的网络表达。目前，学界对于网络暴力的定义还是不清晰的。我认为暴力不是一种感受，而是一种行为。在互联网上，人不只是一个虚拟的、符号化的东西，微博账号是有“皮下”的，现实的和虚拟的分不开。我认为网络暴力与一般暴力的区别在于施暴场所和方式的不同，通常意义上的暴力是“一种导致或可能导致身体、性或心理伤害的明确或象征性的行为”，而一般暴力指物理打击行为，这是行为意义上的物理打击。互联网的发展为人与人之间的交往提供了一个更广阔、更自由的空间，但正如卢梭所言：“人生而自由，却无往不在枷锁之中。”在网络世界中，“人”是被凝视的。当然，现实中的人也处于被凝视的状态，但熟人社会的凝视是受限的。在网络中，凝视主体范围更大，陌生人居多，所以人所面临的评价也更具多样性。而且，网络世界中的人是符号化的，追责和判定难度很大。我国已有《中华人民共和国网络安全法》，但尚未形成“反网络暴力法”，目前网络监管面临的问题是如何判定某一行为构成网络暴力、如何区分网络暴力与正常的网络表达。因此，在当前这种情况下，与其期待他救不如诉诸自救，在自身尚有余力的情况下基于“共情”帮助他人。

边尚泽：首先，我之所以认为暴力只是一种感受，并不是因为暴力是一种感受，所以它无法被界定，而是我通过一些思辨以后发现我无法界定到底什么是暴力。我认为，除非给出一个关于暴力的界限性的定义，否则我只能认为它是一种感受。其次，我想通过举例简单地反驳虚拟账号与“我”的真实本质联通。比如我今天注册了一个新的微信号，并且用这个新的微信号发朋友圈等，甚至获得了点赞，请问在这个过程中，“我”作为人的本质是否有任何实质性的改变？如果我注册一个新的微信号，并且用这个微信号进行了一定的活动，但这并不影响我个人的实质存在的话，那么我会认为网络的虚拟身份并不是我自身的一部分。我并不认为注册一个新的邮箱或者 QQ 号就会给人带来本质性的改变。成家会带来人际关系的变化，而成人代表着要在这个国家里承担公民应有的法律责任，网络并不代表着任何人与人之间的关系。

王露璐：如果不发表任何的言论，只建立一个空账号，是不会改变人的本质的，但当人用账号发表言论就是建立新关系的表现。因为人用账号发表的言论是可以改变他人对自身的认知的。举个例子，焦金磊认为边尚泽是一个很善良的人，但当边尚泽发了一条动态后，他一下子认为边尚泽是很邪恶的人，这就是一种自身社会评价的变化。

张萌：按照你的观点，你在跟他人微信聊天的时候，他人是不是可以默认那不是现实中的你，所以即便你们做了约定也可以不必遵守？

边尚泽：别人首先是知道边尚泽这个实际的人，然后才产生在微信上聊天这个行为。网络诈骗实际上就是借助这种错位实行违法犯罪的。因此我非常反对网恋和网络交友等行为，两个人没有经过线下见面，仅仅是网络上建立的关系并不是关系。

焦金磊：你在逻辑上论证了自己的观点，但一旦进入真实的生活世界，你就将塑造一个很奇怪的人。即我与某人在见面之前，甚至不能确定我对他是否有所了解。顺着这个逻辑，即使我跟他见面，也不一定代表我能真的了解这个人，因为人所见到的只是皮囊。

石子琪：我认为划分虚拟和现实在讨论网络暴力中没有很大必要，虚拟性是网络本身的属性，它给人提供匿名发言的空间。网络中的人既是虚拟人也是现实人，人在网络中发表的一些言论代表其真实想法，其中的部分想法在现实生活中是无法正常发表的，他们只能借助网络赋予的匿名身份进行表达。我重点关注了主讲人事先发的思考题：一直呼吁抵制网络暴力，为何网络暴力依旧层出不穷？我认为，首先这是网络自身的缺陷——匿名性和开放性所导致的。其次，媒体的炒作也发挥了巨大作用。媒体炒作在一定程度上有很强大的娱乐导向，很多人在并不了解事情真相的时候就跟随网友的评论方向表达自己的观点，但其并不知道事实。人一味追求自己的感官刺激，并不进行深度思考，就容易出现过激行为。另外，道德在一定程度上可以让暴力的实施者意识到自己行为不当。人无法考量网络上的辱骂行为是否触及法律禁区，但被网暴者本人其实已经受到身心伤害。用法律手段去制裁所有发表言论的人在有些时候是不切实际的，很多人是怀着法不责众的心理滥用自己的表达权。在这种状态下，我认为应该考虑的是采取什么样的手段减少这种行为的发生，而不是一概而论地制裁。网络警察或网络法规法律等无法准确判断某个网络行为应不应该被制裁，所以，对公民进行网络伦理教育是很有必要的，要让人意识到自己的某些行为是在伤害别人，从而使其自发地维持网络秩序。

吕雯瑜：网络暴力和一般暴力不同。首先，这两者的影响程度不同，网络暴力是网络上的行为，它的消极影响比传统暴力更深远，传播速度也更快。其次，网络的违法主体较难确定，暴力程度很难衡量。网络传播形成之后的溯源取证比较困难，这会导致无法准确界定网络暴力程度。网络暴力造成的伤害往往是精神上的伤害，这种伤害是不可逆的，人也无法对这种伤害进行量化。法治和德治对于治理网络暴力来说是都是必要的，但是很多时候，法治更直接，因为法律针对的是底线问题。网暴依旧层出不穷的原因与网络暴力自身的特征密切相关，具体体现为：（1）网络暴力的施暴者人数众多，大大提高了维权成本和司法机关介入的门槛。网络暴力一旦构成针对公民个人的诽谤犯罪，则不属于公安机关管辖，公民要向法院提起刑事自诉。但是，受害人又面临取证困难的尴尬境地。在实践中，往往只有受害人自杀等极端事件发生，公民才能通过侵犯个人信息罪为由进行报案，向公安部门寻求立案侦查。公民维护权益的法律渠道仍然不够通畅。（2）参与者的盲目性。参与者的盲目从众行为使得网络舆论暴力发酵迅速，同时个体言论在集体中难以追责，因此参与者会存在法不责众的侥幸心理，大肆在网络上跟风发表攻击他人的言论。（3）话语开放性。网络用户可以自由地在网上发言，一方面提高了网络话语权的地位，另一方面可能导致网民滥用话语权。有些网民发表言论的目的是宣泄负面情绪，并非想寻求真相，这样可能会突破道德底线，引发网络舆论暴力。网络表达情绪的便捷性加快了矛盾的传播，致使案件愈演愈烈。（4）主体隐蔽性。网民可以在网络上匿名发表言论，现实世界的道德感在网络世界消失，他们在网络中肆意辱骂、攻击他人。也正是因主体的隐蔽性，司法机关在调查案件时很难确认责任主体。这导致了网络舆论暴力行为容易滋生。（5）后果不可控性。网络舆论暴力是由于用户对利益相关者发起舆论攻击，其他不明真相的网民跟风参与，增加了网络攻击的规模，使得网络舆论暴力快速发酵。规范性理论可以为网络治理提供伦理框架，网络暴力不仅是一个伦理问题，更是一个社会问题，所以它需要不同领域的综合治理。

赵子涵：我主要是从网络暴力的危害来讨论这个话题。首先，网络暴力的主要伤害是针对被施暴者的，而且是多层面的。网络暴力对人的影响会体现在多个方面，并且持续时间久。起初，负面的语言文字表达带来的是心理和精神层面的伤害；然后被施暴者因铺天盖地的负面话语而受到的伤害蔓延到生理层面，影响到身体健康，逐渐演化为病理上的应激反应，如焦虑症、抑郁症等；接着还会有对社会生活的波及。其次，网络暴力对施暴者也有潜在的危害（我这里并非为施暴者辩护），网络暴力是施暴者对社会进行的负面反馈与交流。施暴者本身是有认知偏差的，他们的行为会对社会产生很大伤害，因为恶意的传递会比善意的传递速度更快，且效果更强。而网络暴力会加剧他们认识上的偏差、对自己的真实的认同，以致走上犯罪道路。最后，网络暴力对整个社会也有潜在危害，不仅影响世界观不成熟的人（如儿童）的自我建构，也影响其对事件的处理态度与方法。“恶语伤人六月寒”，恶语的伤害力是巨大的，社会中的其他人可能也会是下一个受害者。因此，对网络暴力现象我们要给予重视，自救与他救都是不可或缺的。对于个人来说，要勇敢坚强地面对，即使是采取不回应的态度阻隔网络平台的恶意也是一种方法，尽管这是暂时性的、不够彻底的。我们认识到自身的脆弱性、柔弱性也是一种直面的勇敢，重要的是保护好自己，再严惩作恶的施暴者。社会中的他者不应做麻木、冷漠的看客，而是应有理性的反应，保护弱者，让网络平台成为多元化的、美好宽松的发言平台，而非伤人利器。

张萌：我对不回应的态度是持反对意见的，我认为不予回应其实是通过一种限制自己的方式来解决问题，如此，人对外交流交往的圈子会越来越狭小，人不应该通过牺牲自己的方式来成全别人。

吕甜甜：网络暴力在教育领域也存在。河南新郑三中历史教师上网络课程期间，遭受语言干扰、课件投屏、共享屏幕等方式的网络袭击后猝死离世。网络在时代发展中扮演重要角色，如在疫情期间，大多数学校通过线上教学方式做到“停课不停教，停课不停学”。在网络教学中，网络教学空间呈现出与现实教学空间具有同一性的师生身份，网络空间主体需遵循一般性现实伦理行为规范。与此同时，也要看到网络空间因其隐匿性和避责性而产生的不同于传统现实的特殊性，要通过网络空间伦理规约和价值引领，形成良好网络生态，“使互联网这个最大变量变成最大增量”。

主讲人 问题回应

暴力不是一种主观感受，无论是物理上的暴力还是网络暴力都是一种客观实在，只是对不同的人来说具有程度上的主观差异。如果我们将网络暴力归结为主观感受，会消解网络暴力的概念和行为，以致走向虚无主义。刚刚大家谈到了立法的问题，我很赞同需要有一种强制性的手段改善和解决网络暴力事件的观点，但是面对层出不穷的网络暴力事件，当下的法律不足以应对，法律还需要进一步完善。因此，我赞同法律应是应然和实然的统一的观点。关于立法存在缺失的问题，我认为可以在应然和实然相统一的基础上寻求法律的进步。法律建设相对于道德建设来说是较为容易的，因为可以通过修改法条等进行法律上的完善。我承认勇敢是一种德性的选择，是极为高贵的品质，但并不代表面对网络暴力或其他问题的时候我们必须要勇敢，即我们不能用“你为什么不勇敢”“你再坚持一下就会好的”这样的说法诘难受害者。因为我们实际上无法做到对受害者感同身受，如果我们单纯从自己的角度认为一些实施了逃避行为的受害者是不勇敢的，那么我们实际上陷入了基于朴素道德判断产生的网络暴力之中。我们应当尊重他人选择的权利，时刻提醒自己“我有余力，我要帮忙”，并潜移默化地暗示自己需要勇敢，但不必因此诘难自己和他人。

评议人 总结点评

我们在谈网络暴力的时候需要注意两个关键词。第一个关键词是暴力，尽管我们目前没办法对其进行统一定义，但是暴力之所以成为伦理学讨论的问题，与伦理学中一个公认的原则——不伤害原则相关。也就是说，暴力之所以成为伦理学讨论的一个话题，是因为我们认为暴力是一种伤害，无论它以何种方式产生伤害，我们都认为这是一种暴力。从另外一种意义上来讲，如果它不是对个体的伤害，而是成为一种政治暴力的话，是要另当别论的。从某种政治意义上看，革命也是一种暴力，但这种革命的暴力可以得到正义的辩护，因为它是为了追求更美好的生活、为了世界更加和平。但一般来说，暴力针对的是某一个个体，所以暴力问题的不确定性或争议性在于其所产生的伤害是客观的还是主观的，以及应该如何界定。打架就是伤害，特别容易被界定。但是，语言暴力、网络暴力很难界定，我们无法确定描述客观事实和网络暴力的边界。以《秋菊打官司》这部电影为例，秋菊在某种意义上认为村长是应该打她丈夫的，不仅是因为这个人是村长，更是因为她丈夫确实说了不该说的话。但在秋菊的逻辑中，村长不应该打她丈夫不该打的地方。在这部电影中，一般的语言暴力是不成为暴力的，但一旦有一方打人就构成了暴力。因此，当我们仅仅认为身体暴力才是暴力，语言暴力不是暴力的时候，就没有讨论网络暴力的必要，因为所有的网络暴力都是语言暴力。但是，显然我们不能认可这个观点。我们现在要把除身体暴力之外的其他要素也纳入伤害的范畴，这就会产生边界不清晰的问题。身体上的伤害是客观的，但是语言的伤害与自我感受相关。无论网络还是现实，都需要一个好的道德舆论环境，但这种环境不应该仅仅提供道德褒奖，更应该内含谴责的力量。道德概念本身就是靠社会舆论、公序良俗、内心信念等支撑的，社会舆论本身就是道德的一个重要评价方式。第二个关键词是网络。网络暴力与传统暴力有什么区别？传统社会中没有语言暴力吗？传统社会中的暴力一定比当前的暴力少吗？在传统乡村社会中，女性与其他男性说话或有身体上的接触，是可能要被沉塘的，而且这在当时是“正义”的。但这真的是正义吗？

显然不是。这是一种暴力行为，但是在当时的社会中，这种暴力是正当的。

随着科技的发展，我们由熟人社会转向陌生人社会，并迈入网络虚拟世界。在网络中，在所谓的实施暴力者眼中，他们的网暴行为是正义的。在陌生人社会中，我们会觉得社会更宽容，但同时道德评价的作用是被削弱的。这种削弱的好处是人可以身处更自由和宽松的环境中，但是这也导致社会舆论和公序良俗的约束力下降。而到了网络世界中，就会出现矛盾现象。一方面，网络使大家发声更方便；另一方面，网络又会造成理解的事实和真实的事实之间的差异。而“我的理解”本身是不是一定代表着正义，也是存在争议的。这个时候就会出现，“我”好像是站在正义的一方。在评价的过程中，每个人的标准都是不同的，并且很难达成统一。因此，当无法建立一个共同的标准时，网络世界就会分化。一方面，我们会把网络当成一个评价空间，人的评价强度会变大；另一方面，随着评价强度变大，我们会害怕对他人造成伤害，而这种伤害在将来很有可能降临到“我”的身上。因此，我们就会对网络暴力这个问题特别警惕。

我们应当厘清暴力的边界，把握从熟人社会到虚拟社区的变化中，道德评价发挥作用的度。这虽然是一个需要思考却没有办法得出结论的问题，但我们至少要有一点共识，即网络绝对不能成为一个完全没有道德的地方，网络世界不能没有道德评价。网络世界中的道德评价要遵循底线原则，比如不伤害原则，我们至少要遵循不主动伤害的原则。除此之外，网络空间应该更包容、更多元。网络世界需要道德，但是其更需要法律和技术，因为法律和技术这两个手段在网络空间中能够发挥更直接的作用。尽管网络的完全实名化是有弊端的，但总体来讲，网络的彻底实名化在目前的情况下是利大于弊的。如果把网络中的所有问题都交给网络警察解决也是很困难的，因此技术在解决网络问题中的作用空间会更大，效果也更明显。

第九期　课后延时服务的伦理审视[*]

主讲人：吕甜甜

主持人/评议人：王露璐

与谈人：王璐、吕雯瑜、张萌、沈洁、汪吴燕、
陈佳庆、盛丹丹、边尚泽、赵子涵

政策导入

文件一

为促进中小学生健康成长、帮助家长解决按时接送学生困难，进一步增强教育服务能力、使人民群众具有更多获得感和幸福感，2017年教育部印发了《关于做好中小学生课后服务工作的指导意见》（以下简称《意见》）①，对各地开展中小学生课后服务工作提出要求。

《意见》指出，要充分发挥中小学校课后服务主渠道作用，广大中小学校要充分利用在管理、人员、场地、资源等方面的优势，积极作为，主动承担起学生课后服务责任。对确实不具备条件但有课后服务需求的，教育行政部门要积极协调学校、社区、校外活动中心等资源，做好课后服务工作。具体课后服务时间由各地根据实际自行确定。

《意见》强调，课后服务必须坚持学生家长自愿，建立家长申请、班级审核、学校统一实施的工作机制。要优先保障留守儿童、进城务工人员随迁子女

* 本文由南京师范大学马克思主义学院博士生吕甜甜根据录音整理。

① 教育部办公厅:《教育部办公厅关于做好中小学生课后服务工作的指导意见》，2017年3月4日，http://www.moe.gov.cn/srcsite/A06/s3325/201703/t20170304_298203.html，访问日期：2023年5月9日。{JP

等亟需服务群体。课后服务的内容主要是安排学生做作业、自主阅读、体育运动、娱乐游戏、拓展训练、观看适宜儿童的影片等，坚决防止将课后服务变相成为集体教学或“补课”。要强化活动场所安全检查和门卫登记管理制度，制定并落实严格的考勤、监管、交接班制度和应急预案措施，确保学生安全。

《意见》要求，各地教育行政部门要统筹规划各类资源和需求，努力形成课后服务工作合力。要积极向本地区党委、政府汇报，加强与相关部门沟通协调，争取资金支持，通过“政府购买服务”“财政补贴”等方式对参与课后服务的学校、单位和教师给予适当补助，严禁以课后服务名义乱收费。要把课后服务工作纳入中小学校考评体系，加强督导检查，创新工作机制和方法，积极探索形成各具特色的课后服务工作模式。

学校“单减”政策出台之后，各地学校普遍压缩学生的在校时间和作业量，却客观推涨了校外培训。而且由于校外培训机构的过度炒作和“剧场效应”的群体效应依赖，越来越多的学生被卷入了无尽的校外培训浪潮，加之校际资源不均衡引发的择校热，极大地加剧了教育资源占有不均问题，也在较大程度上制造了新的教育不公平现象。因此，学校“单减”不但没有切实减轻学生课业负担，反而加重了学生与家长的负担，在一定意义上加重了教育不公平现象。中小学校有义务向家庭、社会提供公益性、普惠性教育服务，其课后延时服务理应合理制定出符合自身实际的实践机制，发挥社会服务职能，为家庭解决辅导作业等方面存在的困难，减轻因家长学历低无力辅导孩子的担忧，营造纯洁的社会教育环境。同时，通过课后延时服务提升中小学校的教育服务能力，并遏制校外培训机构的学科培训，可以更好地服务于每一位学生的学习需求，更能够在加强教育自身服务能力的过程中促进教育公平。

文件二

2021年7月，中共中央办公厅、国务院办公厅印发了《关于进一步减轻义务教育阶段学生作业负担和校外培训负担的意见》[①]。

文件中明确提出工作目标为“学校教育教学质量和服务水平进一步提升，作业布置更加科学合理，学校课后服务基本满足学生需要，学生学习更好回归校园，校外培训机构培训行为全面规范。学生过重作业负担和校外培训负担、家庭教育支出和家长相应精力负担1年内有效减轻、3年内成效显著，人民群众教育满意度明显提升”。2021年秋季学期，学校课后服务工作作为“双减”政策的排头兵，在中小学全面启动，切实提升学校育人水平，持续规范校外培训（包括线上培训和线下培训），有效减轻义务教育阶段学生过重作业负担和校外培训负担。“双减”政策的实施是对教育资源优化调整的积极尝试，新时代教育行业在问题反思中勾勒出未来教育的美好生活。

主讲人　深入剖析

课后延时服务是基于“双减”政策，由国家政策支持、政府主导、学校主办的一项教育民生服务活动，其目的是促进学生健康成长、解决家长不能按时接送学生放学问题。为了缓解学生课业负担过重的问题，各地义务教育阶段学校提早了放学时间。学生下午三点半放学，学生父母五点半下班，时间冲突引发了家长接送难的问题。为了解决学生放学后的接送和教育问题，各地大力推进中小学课后延时服务，指导学生完成作业，发展学生的兴趣爱好，实现学生的有效学习。课后延时服务为政府公共教育服务范畴，应明确课后托管服务的教育功能定位，建立以公立学校为主、多方参与的多元托管

① 《中共中央办公厅　国务院办公厅印发〈关于进一步减轻义务教育阶段学生作业负担和校外培训负担的意见〉》，2021年7月24日，https://www.gov.cn/zhengce/2021-07/24/content_5627132.htm，访问日期：2023年5月9日。

服务体系，通过加强课后托管工作的规范与管理，让托管服务平衡发展。

课后延时服务工作的开展取得了显著成效。首先，学生的课后辅导有了保障。通过师生的朝夕相处，教师可以全面了解学生的情况，便于因材施教理念的落实。其次，在校完成作业，可以最大限度地减轻家长的经济压力和精神压力。再次，学校资源完备，为课后延时服务提供了保障。学校可以利用校园内物质环境和人文环境，培养学生多方面的兴趣，助力学生的个性发展。最后，课后延时服务遏制了教育内卷现象，让教育回归了本真，进一步构建更加良好的学校教育生态。从宏观层面来看，“双减”与课后延时服务相辅相成，都力图减轻学生的压力和家长的负担。

在政策执行的初期阶段，人们印象中的课后延时服务还是学生写作业，教师坐班维持纪律，或是教师以应试教育为目的，超前讲授考纲知识。实践证明，这种单一的托管模式枯燥乏味，不利于学生的全面发展。课后延时服务要发展学生素质，创新服务模式。这要求课后延时服务模式不可仅限于教师讲课、安排学生做作业，从而把课后延时服务变成课堂教育的延续，在课后延时服务课程中，学校应积极创新服务模式，提升学生的素质教育，培养学生们的爱好，拓宽学生们的视野。如今的校内课后延时服务已由单一托管走向多元服务的新征程，且拥有一套属于学校内部的课程管理制度。学校的课程内容根据不同年级以及不同年龄段学生的兴趣爱好进行科学合理的编排，与学生现阶段的成长规律相吻合，这也是校内课后延时服务能在短时期内得到广大学生家长认可的原因。课后延时服务内容丰富多彩，有娱乐游戏、体育运动、艺术表演、社团活动、观看教育类影片等，有条件的学校还可以跟校外的社区单位合作，动员师生共同参加综合素质拓展活动。由此可以看出，学校开设的课程内容在德、智、体、美、劳等各方面均有涉猎，旨在培养新时代“一专多能”的复合型人才，让学生在综合性的活动中得到锻炼和提升，养成多动手、勤思考、善交流的良好习惯。总之，校内课后延时服务以开阔学生眼界、增长学生课外知识为目的，而不是将传统的教学课堂搬到“三点半”后。

从课后延时服务的内容看，初期部分学校课后服务内容单一，异化为集体补课或集体做作业。对此，学校需要对课后延时服务进行改进。一要防止内容异化。我们的初心是帮助家长解决下午不能在放学时间接孩子的问题，陕西省教育厅曾出台相关文件，明确规定“可提供的课后服务内容有：1. 提供延时托管。学校安排专人照管学生在指定场所自主进行复习、作业、预习或课外阅读等，可进行学生作业个别答疑，对学有困难的学生加强帮扶，对学有余力的学生给予指导。严禁将课后服务变相为集体教学或集体补课。2. 开展集体活动。学校根据学校办学特色和学生特点，组织学生参加有意义的集体活动，发展学生兴趣与爱好，增强学生体魄。可组织学生集体进行阅读交流、电影观赏、音乐欣赏、美术欣赏、体育运动、劳动实践、娱乐游戏、拓展训练等活动，提升学生综合素质。可根据本校设施设备、师资条件，与青少年校外活动中心、综合实践活动基地、青少年宫的合作情况，组织丰富多样的社团活动、兴趣小组活动或综合实践活动供学生选择，培养学生兴趣特长”①。因此，课后延时服务不是集体补课，更不是追赶进度或再布置作业。内容异化，就有可能增加学生的学业负担，有可能使我们一直推行的减负变味。二要防止形式异化。课后服务一定要“尊重学生及家长的知情权和选择权，要采取自愿申请”的方式，然而有一些地方要求学生统一参加延时服务，理由是便于教师管理，这显然不妥。在自愿的基础上，学校对活动形式要作统一安排，既不能两节课都写作业，让孩子的视力受到伤害，也不能采取“放羊”式管理，让时间白白浪费，导致学生滋生了坏习

① 陕西省教育厅：《陕西省教育厅 陕西省发展和改革委员会 陕西省人力资源和社会保障厅关于印发〈关于做好中小学生课后服务工作的指导意见〉的通知》，2019年5月15日，http://www.shaanxi.gov.cn/zfxxgk/fdzdgknr/zcwj/gfxwj/202209/t20220909_2251630.html，访问日期：2023年5月9日。

惯。因此，开设阅读、运动、艺术修养以及社团活动是比较可取的。户外活动、接触大自然都会有益于孩子们的身心健康，弥补学生课外活动时间少、内容单一、缺乏童趣等缺憾。三要防止效果异化。既然是照看学生，为学习有困难的学生提供帮助，为学有余力的学生提供支持，就不能一刀切地要求学生必须学会哪些知识，不能通过考试来检验延时服务的效果，因为有很多收获和改变是可感知而不可看见的。比如安排孩子们读书，书读了，读得怎么样？是不是有收获？我们能出一套题考评吗？因此，如果将辅导效果简单化为提高考试成绩等，那么一定是在加重教师和学生的负担。延时服务，让孩子们完成作业，有点儿空闲时间可以做自己喜欢的事情，足矣。

除此之外，还要为课后延时服务提供法律保障。“双减”政策以国家政策的形式明确了义务教育中小学学校为课后延时服务的主体，确定了中小学生为课后服务对象，以及以义务教育中小学校校园为主要服务地点。但课后延时服务与义务教育之间究竟是何种关系？是义务教育的延长，还是独立于义务教育体系之外？这些问题需要在法律层面予以明确界定。同时，课后延时服务涉及多种形式与类型，不同种类的服务究竟属于何种公共教育服务范畴也需要具体的法律法规作出明确阐释。我国可以通过立法进一步明确课后延时服务的性质、类型、地位与权责归属。为了避免再次出现校外辅导机构对公立学校的排挤效应，政府可以将课后延时服务纳入国家公共教育服务体系，对政府、学校、家庭、社会教育机构等相关主体的责任与义务进行法理阐释。同时国家还应对涉及课后服务的财政投入、师资配备、课程设置、质量评价等多方面制定政策规范，为“双减”政策的顺利实施提供法律保障。

在2018年9月10日召开的全国教育大会上，习近平总书记指出：“教育是国之大计、党之大计”，“坚持中国特色社会主义教育发展道路，坚持社会主义办学方向，立足基本国情，遵循教育规律，坚持改革创新，以凝聚人心、完善人格、开发人力、培育人才、造福人民为工作目标，培养德智体美劳全面发展的社会主义建设者和接班人，加快推进教育现代化、建设教育强国、办好人民满意的教育”。[①]习近平总书记的重要讲话把教育的地位与作用提高到前所未有的高度，我国教育改革创新踏上新的历史征程。新时代，我国教育改革创新需要解决若干新问题，其中，义务教育阶段减轻学生负担是一个长期存在并在新时代有新表现的关键问题。

第一，要让教育回归学校。习近平总书记指出：“教育是提高人民综合素质、促进人的全面发展的重要途径，是民族振兴、社会进步的重要基石，是对中华民族伟大复兴具有决定性意义的事业。”[②]教育关乎一个民族的传承、一个国家的兴盛，关乎人类的进步。新的技术革命促使社会结构变革，进而对教育政策的转型提出新要求：教育政策的转型需要提出新的教育政策体系和指导思想。学校是教育的中心，是学习真正发生的地方。在科学技术高速发展的现代社会，学校的职能、定位与边界需要被重新定义和明确。

第二，要让学生回归全面发展。对学生的要求不应当是考试与升学，而是学习与发展。教育是对学生综合能力的提升与责任感的培养，不应该局限于课本知识与考试技巧。2018年召开的全国教育大会对党的十八大以来的教育改革经验进行了总结，并对如何实现教育现代化作出回答。党和国家从多个维度对我国新时代的人才培养标准提出新要求。学生发展的基本要求是培养学生的综合素质，学校要重新定义教学内容，将德育、智育、体育、美育以及劳育相结合，将其融合在教学计划中，实施“五育并举”。

第三，要让教师回归教育初心和使命。教师是立教之本，兴教之源，自古以来便承担着“传道授业解惑”的责任，“国将兴，必贵师而重傅”。教师作为教育教学活动的直接参与者，需做好本职工作，真切学习并领会“双

① 《习近平出席全国教育大会并发表重要讲话》，2018年9月10日，https://www.gov.cn/xinwen/2018-09/10/content_5320835.htm，访问日期：2023年5月9日。

② 习近平：《做党和人民满意的好老师——同北京师范大学师生代表座谈时的讲话》，北京：人民出版社2014年版，第2页。

减”政策的内涵，在日常教学活动中配合学校、协调家长落实“双减”政策；要积极承担教育教学任务，准确把握教学目标，将各项知识技能融入日常教学活动。

第四，要让学校、家长和社会的关系回归协同育人。教育事业的发展涉及多个主体的协作与配合，包括学校主体、家庭主体和社会主体，三者协作，助力青少年的成长和发展。近年来，由于欠缺科学的评价机制等，资本大量涌入教育培训市场，以营利为目的的教育培训机构大量出现，学校、家庭与社会的关系逐渐失去协同性，给学生、家长、学校乃至社会带来焦虑和负担。要改变这种状况，让学校、家长和社会的关系回归协同性和一致性至关重要。在教育发展过程中，要正视家庭教育和社会教育的地位和职责，特别是要重视家风与家教的作用，要以提升学生的综合能力为目标，相互配合、共同努力，营造一个适合学生全面发展的成长环境。2021年10月23日，第十三届全国人民代表大会常务委员会第三十一次会议通过《中华人民共和国家庭教育促进法》，其中第四章强调社会协同，从监管家庭教育执行、提供家庭教育指导、服务家庭教育顺利进行等多方面对家庭、社会协同促进教育发展提出详细建议。

在传统教育理念下，教师的教育过程是“传道授业解惑”，教师的主要任务是传授知识。罗素（Bertrand Russell）在《教育与美好生活》（*Education and the Good Life*）中指出，教育包含品性教育和智力教育，教育的目的是培养人的理想人格，创立美好生活，锤炼“活力、勇敢、敏感以及智慧”四种品格。随着市场经济不断发展，功利主义、知识主义、升学主义等思想影响使教育领域“重知识、轻道德”现象明显，严重影响教育领域的价值导向。在课后延时服务教育领域，知识与道德孰先孰后、孰重孰轻，是教育行为关系中要解决的重要问题。

课后延时服务的落脚点还应是育人，要给育人加分，而不能减分。课后延时服务活动可以培养学生直面挫折、合作共赢的精神，培养团队意识，让学生充分体会到团队精诚合作的重要性。教师要抓住这个时机，及时对学生进行合作学习、团队意识、直面挫折的教育，引导学生对团队精神有更深一步的了解。还可以通过比赛让学生学习团队合作，认识到只有彼此信任和配合才能每个环节都不失误，完成这项“零失误”的挑战。

关于将课后延时服务外包给校外机构的学校。校外培训机构的师资在专业技能方面可能很强，但在育人方面就未必达标。这就要求学校在顶层设计方面有所考虑，对合作方的师资情况心中有数，适当提高“门槛”，必要时要对他们加以培训，绝不能让那些不懂教育原则、缺乏人文关怀意识的人来带学生。此外，要加强动态监管，不能听任合作方安排教育内容和施行某种模式。总之，学校要履行主导职责，不能一“包”了之。

五育并举的核心要义体现了教育的广度，但笼统地提出德智体美劳各育单向度地全面发展，五育之间比较离散，只彰显了五育之形。若要体现教育的深度和高质量，就必须五育融合，使五育形神兼备。因为人的核心素养首先是超学科的综合素养，核心素养的必备品格和关键能力是同步融合发展的，必备品格主要关联德育和美育，关键能力主要关联智育、体育、劳育、美育能力，必备品格和关键能力的同步发展特点，内在地决定了五育融合的必要性。从五育并举到五育融合，可谓认知和实践的一次飞跃。

从课后延时服务课程角度总结，“五育融合”有三重境界：第一重，单课单育，如只在单一智育类课程中育智；第二重，综合课程多育，如在跨学科综合课程中育智、育劳、育美等；第三重，单课程多育，如在单一的数学课程中育智、育德、育美等。实践中，众多学校能实现第一、二重境界的五育融合，少数学校能进入第三重境界，但即便达到第三重境界，前两种境界往往同时并存，这涉及课程本身的问题，即课程本身是单科和综合并存的，同时也关涉师资水平的问题。学校立足一、二重境界，努力到达第三重境界，并在此基础上实践，提炼“五育融合”的策略。五育融合指向核心素养的发展，指向课程的实践性，相应的课后延时服务课程评价要坚持“五个结合”，即过程性评价和终结性评价相结合、个性评价和集体评价相结合、单育评价和五育融合评价相结合、增值评价和绝对评价相结合、表现性评价和文本评价相结合，并且以过程性、表现性、增值和五育融合评价为主导。而在教师层面，也是坚持以上五个维度评价，同时还要参照国家课程的要求，开展学校、家长、社会的三方评估。总之，课后延时服务课程的丰富内容、五育并融，决定了评价的多元和包容，这样的评价又能反作用于五育融合，实现学生、教师、学校的生态发展，即和谐、平衡、可持续的发展，生态发展即是五育融合的发展。

课后延时服务在实践过程中需要正确处理学校、家庭等面临的诸多关系，积极创设和谐生态文化和环境系统。学生学习重负逐渐减轻，教师不断加强自身专业本领，师生形成换位思考意识，在课堂上形成平等沟通的师生氛围。课堂是师生交流的主要空间，教师是课堂的主要管理者。在课堂上，教师一方面通过自身知识传授，成为学生学习的引导者和点拨者；另一方面，通过教师的放手和放权，增强学生自我管控、约束和自律意识，启发学生实现对学习内容、学习目的和学习价值的旨归探索。在学生关系上，一方面通过同伴之间的带动作用，发展学生自主学习、合作探究的能力，优化学习成果，提升自觉自律意识；另一方面，学生之间的沟通是对教师教学的一种有效补充，在一定程度上缓解了教师的压力和负担，并打破了教师垄断课堂的局面，促进“以生为本”思想的落地，从而建立民主平等的师生关系。

学生家长应当扮演的角色不是学生的家庭教师，不是教师的助教，而是同教师和学生相知相识的同行者、护航人。“双减”背景下，家长在关注参与学生成长的态度上应从被动转为积极主动，内容上也应从片面关注学生成绩和升学转为关注学科和身心的全面发展，角度上从课本知识的获取转为日常行为习惯养成的实践。

我们要促进家庭教育、学校教育、社会教育融合。习近平总书记指出："办好教育事业，家庭、学校、政府、社会都有责任。"[①]要在政府引导下探索构建全员育人机制，发挥学校、家庭、社会各自优势，凝聚起强大育人合力。"双减"工作需要家、校、社共同参与、相互支持、相互协作，学校作为主阵地，即使自身条件不够好，也应立足实际，主动迎接"双减"挑战，从意识到行动努力寻求改变，吸纳利用优质资源，借助家、校、社协同施力做好课后延时服务，让教育惠及更多家庭，从而推动社会的良性发展。

"双减"背景下，各学科教师、班主任、相同学科教师之间主要呈现为更加积极合作、相互依赖的关系。各学科教师之间，应积极尝试跨学科深化教学内容整合和作业设计，不断提升学生交叉学习和合作探究能力。教师与班主任之间，应通过主动沟通协调，平衡学生各门课程之间的学业任务，建构同向同行的学习秩序，共同助力学生良好学习习惯的养成。同学科教师之间，应通过通力合作和集智研讨，实行深度集体备课，深挖课程资源，优化课程教学环节和教学设计，汲取同学科教师集体智慧，积极构建高效智能课堂实体。"双减"背景下，教师不应丧失对自身要求的约束，而是要不断加强对自身专业知识和职业潜能的挖掘，逐步实现自我突破，增强对教师职业的自我认知提升。

作为备受关注的民生大事，课后延时服务不妨从"有"到"好"，不断提高服务质量。提升课后服务质量，关键要在内容上做加法。这不仅是教育部提出的"丰富课后服务内容"的要求，也是满足家长们多元诉求的需要。

课后延时服务不能满足于"有"，还要直面市场机构的竞争，通过高质量课后延时服务赢得竞争，满足家长和学生日益增长的需求。

---

① 《习近平出席全国教育大会并发表重要讲话》，2018年9月10日，https://www.gov.cn/xinwen/2018-09/10/content_5320835.htm，访问日期：2023年5月9日。

校内课后延时服务作为政府制定的普惠性政策，具有社会性、普遍性、公益性等属性特征，因此，应将校内课后延时服务视为一项社会公共产品，而这些属性特征，决定了其具有的社会化服务价值。事实上，该价值是校内课后延时服务存在的重要特征，也是其可持续发展的力量源泉。课后延时服务解决了私人利益与公共利益矛盾的问题，保证了教育权利与教育义务的公共性，实现了教育资源公共性享受。课外延时服务不是只面向经济条件优越的特殊人群，在教育资源享受层面上面向绝大多数人，是一种普惠性教育资源享受，是对教育资源的重要方向调整，保障了学生受教育权利受到保护。课后延时服务以公益性质为主，应加强对课后延时服务的有效监管。这要求限制课后延时服务的性质，要求课后延时服务以公益性为主，不可以此为由多收费、乱收费，教育局、市场监督管理局、公安局等相关部门要加强监管，保证该政策行之有效。

课后延时服务最初是为了解决“三点半”难题而实施的一项惠民教育工程。随着“双减”政策的落实，课后延时服务也是助力“双减”政策落实而推出的一项服务政策。农村中小学的办学条件和城市中小学相比还存在很大的差距。加大对农村中小学课后延时服务开展现状的分析力度，对减轻农村家庭教育负担、保障学生的健康和生命安全、真正实现义务教育优质均衡发展、推进课后延时服务的后续改革等方面均有着深远的意义。

城市学校课后延时服务存在的主要问题是家长无法及时接送学生，农村学校的问题则是家长长期在外务工，无法监督孩子，以致学生无法充分利用课后时间学习，学生的课后延时服务难以保障。家庭和学校是学生接受教育的重要场所，对学生的学习、成长具有重要意义。若是农村中小学课后延时服务缺乏系统化管理，没有明确的质量判定标准，那么势必会出现工作敷衍、得过且过的问题，导致服务效果达不到预期。农村学校应从丰富服务内容、优化作业设计、提供资源支持及完善课后评价等方面入手，着力提升课后延时服务质量，为农村非寄宿制学生的持续学习和进步提供重要支撑，实现城乡课后延时服务的高质量全覆盖。全体教师要群策群力，针对课后延时服务进行深入研究，以更好地落实“双减”政策，为学生全面、持续发展奠定坚实的基础，从而让教育回归本真，提高教育教学质量。

课后延时服务的评价与保障机制评价具有反馈、检查、督导教育教学质量的功能，是课后延时服务的航标灯。课后延时服务课程在体系建设和实施过程中，要通过建立过程性评价体系来评估课程效果，主要涉及以下方面：一是学生在课后延时服务课堂的表现。对学生完成课后服务课程内容的情况进行调查，包括随机提问、课堂测试、问卷调查讨论等，如学生参与积极性高，对延时服务课程评价比较高，则课后延时服务课程可持续开展；如学生参与积极性不高，对课后延时服务课程体系评价较低，则需要进一步改进，以符合学生的需求。二是日常考试。通过课后延时服务课程的开展，学生的考试成绩前后是否有提升？如学生参加课后延时服务课程后，成绩相比此前有所提升，则继续实施课后延时服务课程；如学生的成绩相比此前没有明显提升，则需要对课后延时服务课程体系进行修整。三是学生综合素养的展现。通过课后延时服务课程，学生在各种活动如朗读比赛、作文比赛等活动中的积极性和表现是否较之前有所提高，学生的读书热情、阅读量是否有所增加，学生的文学素养是否有所提升，这些都能体现出课后延时服务课程对学生的整体素质是否有积极的影响，从这些方面也可以判断学校的课后延时服务课程是否有效。四是人才评价方式。课后延时服务强调满足学生的多样化需求，促进学生全面发展。因此，在评价方式上必然要求学校进行人才培养标准的改革，从而建立以核心素养为导向的评价机制，改变过去一味重视分数的评价模式。在这样的评价机制引导下，学校还要重视教师培训质量的提升，因为只有教师的素养提升了，才能培养出素养更高的学生。五是建立激励保障机制。积极争取上级专项经费，建立合理的经费分配制度，有效改善教师待遇及课后延时服务绩效工资，建立科学的工作激励机制，更好地激发教师工作积极性和工作效能。

课后延时服务将随着政府不断规范校外培训机构办学，建立健全课后服务体系，使学校建立监督保障机制，教师加强师德师风、素质教育、教书育人观，家长积极主动、协调配合，多维共进，同向发力，实现对最多数人最具公平性的教育憧憬。

自由阐述

边尚泽：我认为社会有教育每一个未成年主体的义务，但这种教育并不一定以义务教育的形式达成。社会除了以一种结构主义的视角给每个新加入社会的个体灌输某种意识形态的内容，也有责任保有一片未加以结构化和意识形态化的空间，让社会中的人有自由发展的可能。一方面我们说人是社会关系的总和，另一方面也应注意到社会关系也是由人建构的，因此人的主观能动性如果不被保留，那么社会自身也会失去进步发展的可能。从这个意义上，课后延时服务最好的形态就是提供一个自由、安全的空间，让孩子可以自由地交流、建立关系。如果说人自由而全面的发展是社会的理想结果，那么教育的目的就是让人能发展为可以进行自由而全面发展的主体。这一主体应当具有的一种能力便是在社会已有的建构之外，自发设计并发展社会关系的能力，而这一能力的培养需要一个排斥任何已有社会关系的主体，即成年人的空间。因此我认为从社会整体视角看，课后延时服务有其教育义务，而这一义务的实行是通过提供一个没有任何建构和意识形态的空间，让孩子自由建立社交关系和人际关系来完成的。

沈洁：面对放学时间过早、课业压力大、课外培训成风等社会矛盾，学校通过推动校内课后服务全覆盖，解决小学生下午三点半后难题。“课后延时服务”的出现似乎是一场及时雨，但相应地也产生了一些问题。中小学生长时间在学校并不是一件好事，这在一定程度上缩小了孩子们的生活空间，减少了感受自然、接触社会的机会。教育的本质是培养人，让更多孩子拥有人生出彩的机会。而华中师范大学国家教育治理研究院课题组曾在山东、广东、湖南、湖北、广西、四川等六省（区）对中小学课后服务做了实地调查，结果显示实际中小学课后服务内容占前三位的活动分别是做作业（87.6%）、自主阅读（78.2%）和拓展训练（61.9%）。可见课后延时服务课程内容单一、服务参差不齐、特色课程偏少等问题亟需在新阶段解决。我认为课后延时服务主要是提供基础托管服务，在一定条件下才有可能发展为课后延时教育。为了达到素质教育、人才培育，需要丰富课后延时服务形式，发展特色课程，引入校外优秀资源，让学校提供基础托管、校外企业提供特色课程服务，以形成校内校外教育双循环。

陈佳庆：听了学姐的讲述，我个人的观点是我赞同在中小学开展课后延时服务，并且我认为要强制开展这项服务，且课后延时服务应着重进行实用能力培养和德性教育。从伦理视角去审视这项服务，我觉得它是具有道德合理性的。首先它有利于人们追求更好的生活，它能解决家长接送孩子的时间冲突问题，同时给学生学习课堂知识以外的东西的时间；其次，它一定程度上有利于教育资源的公平分配，将孩子留在学校而不是种类繁多价格昂贵的辅导班，这无疑减少了条件较差家庭的教育成本。但是我们可以看到，课后延时服务仍然存在一些内在矛盾，它一部分效果的达成需要以构建良好的家、校、社关系为前提，但是显然让家长更多地投入其中与减轻家长的负担是冲突的。另外课后延时服务呼唤教育回归本质，去培养自由而全面发展的孩子，但是这与社会现实相冲突，现代社会对人才有更高的要求，存在着残酷的就业竞争，家长是否愿意在升学考试重压之下放任孩子在课后延时服务中自由探索，这是有待商榷的。课后延时服务有利有弊，整体上它是有益于社会的，但是各种细节仍需要仔细权衡，而这需要学校、学生、家长和社会协商解决。课后延时服务所期望解决的一系列问题并不是这单单一项措施就能完美解决的。

王璐：在刚才的讨论中，我比较赞同沈洁同学的观点，应当把课后延时服务的功能定位于“服务”，使其代替原本学校旁边“小饭桌”的功能，而不是让学校代替校外专业的艺术辅导机构进行艺术培训。课后延时服务也应与学校教育分割开来，如果课后延时服务想要达到教学效果，那么将不可避免地陷入为学生增加负担的课后教学的延续，又成为拼成绩的途径。同时，在关于课后延时服务的讨论中，很多人都提到了课后延时服务可以缓解当前学生的内卷情况。我认为，课后延时服务并不能达到这一效果，当前学生内卷情况的出现，绝大多数是因为家长把考上大学与“美好生活”划上了等号，认为只有通过考大学获得一份白领的工作，才能受人尊敬，才是美好生活。从这一视角出发，内卷的解决路径应当是让所有职业都能获得同样的社会尊重与承认，而不是开展课后延时服务。

张萌：我赞成几位同学所说的课后延时服务不能等同于课后延时教育的观点，否则会加深“教育是学校的事”这一刻板印象，我们更应该提倡教育是整个社会需要全力合作的事情这一看法。课后延时服务并没有减轻学生的负担，只是通过转嫁负担的方式将家长的负担转移给了一线教师，对学生而言实质上是没有变化的。因为教育资源的不公平，不同地区、不同学校课后延时服务产生的效果也是不一样的，对一些学校来说，在课后延时服务产生之前他们就已经享受到了这种服务，但是那些教育资源相对贫乏的学校或许只能让学生在校做作业。不仅如此，课后延时服务还容易存在学校教育时间延长的问题。

内卷的原因可能在于社会资源的有限性，努力与收获之间的正相关联系逐渐减弱。内卷是一个社会性的问题，当每一种职业都受到大家的尊重，当大家意识到时间是一种宝贵的稀缺资源，当工作能够被分担的时候，内卷才会有可能得到解决，而不是说仅仅通过学校给学生减负就实现了内卷的解决。

吕雯瑜：双减政策是指中国政府近年来推行的一系列教育政策，旨在减轻学生课业负担和校外培训负担，促进素质教育和学生全面发展。在双减政策的实施下，课后延时服务成为一种备受关注的教育方式，其与素质教育和人的全面发展有着密切的关系。在双减政策的背景下，课后延时服务成为学校推行素质教育和促进学生全面发展的一种有效方式。但是，这一政策的实施目前还处于不完善的阶段。就现实情况而言，课后延时服务导致了教师工作时长的增加，部分教师的职业满意度和职业幸福感大幅降低。在这种情况下，课后延时服务是负担，没有达到实际效果。部分学校将课后延时服务视为表面上的行政工作，没有落实到具体的教学实践当中。对部分家长而言，课后延时服务只是学校增加的一个收费项目。对于部分学生而言，课后延时服务加重了学习负担。究其原因，一些中小学对课后延时服务缺乏正确、清晰的认识，没有正确履行课后服务责任。学校将课后延时服务视为政策任务，教师将其视为教学任务，家长则认为学校“多此一举”。多方存在的认知偏差最终导致课后延时服务落实的道路上充满阻碍。当家长、教师和学校都对课后延时服务存在片面认知时，学生自然无法对课后延时服务产生好感，导致课后延时服务无法真正体现其应有的效果。

盛丹丹：课后延时服务在一定程度上减轻了学生家长的负担，但可能带来减“质”的风险。课后延时服务是指在正常的学校课程结束后，学校或机构为学生提供额外的学习和活动时间，以满足家长的需求或提供更多的学习机会。这种服务的初衷是为了帮助工作繁忙的家长节省照顾孩子的时间，也让学生能够在安全的、有监督的情况下完成学习任务，进一步提高学生的成绩和能力。然而，课后延时服务带来的风险是明显的。首先，课后延时服务可能使家长进一步减少和孩子在一起的时间，学生缺少相应的家庭教育。由于工作和日常生活的压力，家长可能会倾向于将孩子托管给学校，而不是在家中花时间和他们在一起。这可能导致孩子感到被忽视或孤独，影响他们的心理健康。其次，课后延时服务可能导致学生减少自主学习的时间。目前课后延时服务在普遍情况下是由老师或教练管理的，而不是由学生主导的学习。这可能导致学生失去控制学习的能力，缺乏自我学习的兴趣和动力。最后，课后延时服务会进一步加大教师压力。教师作为教育环节中极其重要的一环需要着重关注。教师需要为学生们制定课后任务，辅导学习，监督学生完成任务，及时反馈学生的表现。这需要教师花费大量的额外时间和精力，而这些时间和精力未必能够得到相应的报酬或补偿。长时间的执教工作和各种压力往往会给教师带来身体和心理上的负担。

汪吴燕：我觉得课后延时服务实施过程中老师面临的挑战更大一点。课后延时服务的初衷是好的，但是在具体实施过程中存在诸多困难。课后延时服务尽管遵循自愿原则，但容易出现将之与教师的工作态度、评优评先、评职称挂钩的现象，由此教师的“自愿”会演变成“被迫自愿”。如果处理不好这件事，教师很可能成为“受气包”。那么，没有了寒暑假、每天早出晚归、收入低廉、动辄就有人用“为人师表”去要求甚至绑架言行的教师行业，就从根本上失去了职业的核心竞争力。而一个没有吸引力的职业，能有几个优秀的人才愿意去从事？因此，只有让“自愿报名”真正建立在个体自愿基础上，不与荣誉、职称等挂钩，并给予参加课后延时服务的教师合适薪酬，才能让课后延时服务变成一项真正有利的政策。

赵子涵：首先我有几个问题：课后延时服务是否必要？能否规范有效运行？

与校外培训机构的区别是什么？有什么是校外培训机构不可替代的呢？

课后延时服务首先要遵循自主参与、素质优先、安全第一这三个基本原则，对此，我是肯定与支持的。其中，服务不应局限于教育，可以有完成课后作业的内容，也应该有比较丰富的其他活动可供选择参与，满足素质教育更好开展的要求，能够帮助学生更多元化发展，满足学生丰富发展的需要。如果能规范有效地开展，可以为学生和家长都带来便利，学生可以在学校教育氛围浓厚的环境下、有老师同学监督的情况下更高效地完成课业，这样回家后的休息时间也更加充裕，很多家长也不必为此而过多忧心，这是对双方都有益的方法。

但是，这在实施过程中亦有多重困难，对学校、老师、学生、家长都提出了要求并构成了挑战。学校有管理上的压力、保障上的局限性和模式上的困境；对于教师而言，一是工作量增加，二是待遇不明朗，三是家庭难兼顾；学生对此的需求和意愿是有差异的，有可能加重学业负担；家长也会对此存疑，理念会不统一，对于费用不清楚，对其中的效果也会存有疑虑。

总之，课后延时服务的规范有效化开展，应当是有利于学生、家长、老师的，尤其是其对于素质教育的补充，不一定可以很好地缓解教育内卷的压力，但是对很多学生是个很好的加强学习能力与增加学习维度的方法，其规范有效的开展是前途光明的。

主讲人 问题回应

大家的讨论很热烈，给我很多的启发。我听完后的总体感觉是“理想很丰满，现实很骨感”。当时确定好讲这个问题后，沈洁和张萌建议我“找一个有孩子且孩子上辅导班的同学来一起讨论这个问题”。后来我的同学觉得，正是因为在经历这个阶段，没有能力改变现状，只能够去接受这样的现实，所以他们也就没来。我自己的孩子现在也在上辅导班。目前来讲，像我家乡学校组织的课后延时服务，其实跟报道中讲到的那些比较好的典型的课后延时服务是有差距的。可能大部分课后延时服务，目前还是在帮助孩子完成作业，也有一些学校跟校外机构合作，做得还是不错的。但是我们今天讨论这个问题，要从整体层面来看。我们需要考虑对于大多数人而言，教育资源的分配是否能够实现某种程度的公平？很多校外辅导机构的费用是非常高的，对于大多数家庭来讲是一种负担。因此，我觉得从整个社会层面来讲，把课后延时服务做好还是能够对整个社会的教育资源分配起到积极作用。刚才有人谈到课后延时服务跟课后延时教育应该是有区别的，我觉得课后延时服务能够传递一定的教育含义，很多学者也讨论了如何将课后延时教育与义务教育衔接得更好。内卷问题的确很难解决，这可能跟我们目前社会发展的阶段有关，跟我们整个社会的评价机制也有一定关系。但是我感觉我家孩子，还有周围很多孩子，好像不是很在意考试成绩。当我问他："学习感觉怎么样？"他永远都是跟比他成绩差的人比，我感觉他心态还是比较好的。我并不清楚这样的情况是共性的还是个性的。

另外，义务教育阶段跟高中不一样，义务教育阶段整体有一定普适性，但是在高中阶段"卷"是无法避免的。不同阶段的教育整体理念是不一样的，义务教育阶段和高中教育阶段应当有差异性，但是无论是义务教育阶段的普适性教育，还是高中阶段的分层教育都需要全社会的关注。

评议人 总结点评

今天这个话题大家都有过切身感受，所以说了很多自己感受性的总结。

主讲人一开始就把这个题目定位在伦理审视，虽然感受性的内容里有很多伦理性的东西，但在某种意义上，这种伦理性的东西还可以进一步发掘。如果我们从伦理视角审视课后延时服务，其实可以想到很多跟伦理相关的问题。例如，从概念来讲课后延时服务是否具有正当性？它是不是正义的？再进一步说，它是不是善的？它能达到什么样的目的？如果我们说课后延时服务能够实现人自由而全面的发展，那么其中涉及的自由是什么？大家在讨论的过程中，首先谈到的是自己在现实生活中的一些感受。每个人对课后延时服务的感受是不一样的，同样每个人对教育本身的体验和感受差异也是巨大的。课后延时服务是新生事物，我小时候是没有课后延时服务的，那时候也没有家长会接送孩子上学。我们那个时代，大家对孩子的安全意识非常淡薄，孩子们的胆子也很大。那时候，虽然孩子们玩得很野，但是也很“卷”。每个时代都有自己的“卷”，以前“卷”的可能是做好作业、学习成绩好，现在可能聚焦于全面发展。

回到对课后延时服务的伦理审视，并进一步思考课后延时服务到底有没有实现大家希望的教育公平。我们很难用一个指标衡量教育公平，有人说要强制课后延时服务的时长，这体现了均值化公平的逻辑。不能说这是绝对错误的，但这无法实现。课后延时服务要实现的教育公平本身就是整体教育公平的内容，但是如果教育本身就是不公平的，那么课后延时服务的教育公平也是无法实现的。这或许是一个悖论，如果我们无法在课后延时服务中实现公平，那么整体的教育公平也无法实现。我们既不可能实现课后延时服务的均值化，亦不能不追求公平，在这种情况下，我们或许不应该聚焦公平的问题，而是要考察它的目的是什么。

解放家长绝不是课后延时服务的最终目的，因为课后延时服务的直接对象是学生，所以我们需要考量学生在课后延时服务究竟得到了什么。但是，实际上我们无法得知课后延时服务是否让学生变得更好，因为每一位学生的成长都是独特的，从这个意义上说，每个人所需要的教育资源也是不一样的。以这样的标准开展课后延时服务显然是不可能的，如果我们想要的完美状态的课后延时服务无法实现，又谈何实现人的自由而全面的发展。因此，既然这样的要求实现不了，一些人的诉求就变成了希望在课后延时服务中让学生完成家庭作业。这是一大部分家长所赞成的，如果自己的孩子在学校完成了家庭作业，那么回到家的这段时间是可以自由安排的。那么家长的这个诉求，要不要满足呢？如果满足了，课后延时服务是不是成了应试教育的内容，是不是违背了课后延时服务的初衷呢？很多时候，从伦理学视角考察一些社会现实问题会为此设定一个宏大目标，这个目标的实现需要长时间的实践，但是这并不意味着完全实现不了，因为孩子是否能获得越来越多自由发展的空间正体现了一个社会的发展状况。

我们必须要承认，现在的孩子已经获得了更多自由选择的机会，家长也越来越开明，通常不会因为孩子的某个兴趣不能当饭吃而粗暴地拒绝孩子的选择，也有一部分家长选择不“卷”孩子，而是“卷”自己，以期为孩子提供更好的资源。一部分家长不再期望孩子获得大多数人认为的那种成功，只要孩子能为自己的人生负责就行，这看似不是“卷”，但实际上只有家长到了一定的境界才能如此，从这个意义上说，这也是一种“卷”的样态。当家长能够淡定地接受孩子的“普通”，其实就“卷”到了最高境界。

一代又一代人作出努力才能积累起真正意义上的对教育公平的理解，教育最终能实现的“风景”就是每一个人都满足于孩子学了他喜欢的东西，或者他自己能够自由而全面地发展。但我也承认，要实现这个目标是困难的。那么，如果这个目标实现不了，我们能提出什么诉求呢？我觉得无论是衡水模式，还是让孩子自由发展，都是好的，最重要的是找到适合孩子及其家庭的模式。每个人一定要有自己特别擅长的某个方面，如果每一位家长能尽早发掘孩子擅长的部分，这就足够了。我们今天从伦理视角讨论课后延时服务，思考它是否能实现教育公平，是否能实现人自由而全面的发展，但是我们依然不能给课后延时服务、课后延时教育一个清晰而普遍化的定义，也不能对怎样开展课后延时服务给出一个好的方案，我们根本不可能找到一个完全普适性的标准开展这项工作，因为这显然是需要多样化发展的。因此，在义务教育阶段，课后延时服务是需要依据不同地区、不同学校的现实情况开展的，其前提必然是得到大部分学生家长的同意。这也是应用伦理解决问题的思路，当我们在某一个阶段不可能发现一个大家都认同的东西时，就需要一种程序民主的协商共识。课后延时服务也可以遵循这样的思路：如果大家没有形成关于课后延时服务的共识，就可以应用一种程序民主的方式来协商，设置课后延时服务的内容。总体而言，课后延时服务有丰富的内容，但其目的绝不是帮助学生减负。减负容易让学生将本该做的事情抛开，而无法发现自己的兴趣，也不容易找到对自己而言有意义的事情。大部分情况下，孩子只有经历过某个过程，甚至需要一点强制，才能发现自己在哪方面有潜力。家长要帮助孩子经历这个过程，找到他们自己的天赋和成长点，获得自己的成就感。

第十期　生育自由意味着什么？*

主讲人：王福玲
主持人/评议人：王露璐
与谈人：吕雯瑜、吕甜甜、张萌、沈洁、陈宇、沈琪章、范向前、陈静怡、张晨、潘逸、吴俣萱、边尚泽、赵子涵、郑舒文

问题引入

回顾了这些年的生活和工作，我觉得最大的成果就是生了两个孩子。在生命医学领域里，我最感兴趣的两个话题是生与死。基于自身经验，我对生育问题关注更多些，所以今天趁此机会跟大家聊一聊生育伦理的相关问题，并将题目命名为“生育自由意味着什么？”其所以结尾为问号，是因为我讲的一些内容并不见得全面，借此听一听大家的想法。我的讨论将从以下问题展开：生育自由意味着什么？其中包括可以代孕吗？可以冻卵吗？单身女性可以生育吗？法律允许这样的行为吗？伦理上能为这些行为辩护吗？这些行为在伦理学上的争论具体有哪些？如果我们能在伦理上为这些行为辩护，但法律并不允许，我们应该怎么做呢？也希望大家带着这些问题思考关于生育自由的话题。

主讲人 深入剖析

现在大家经常提到生育权、生育自由的问题，但实际上人们在生育活动

* 本文由南京师范大学公共管理学院硕士生岳玲玲根据录音整理并经主讲人王福玲审定。

中，并非一开始就有权利意识、自由意识。在自然生育阶段，人们没有意识到生育与性之间的关系，可以说这时候的人们处于一种无知的状态，并不知道性活动会导致生育的结果。其后，当人们意识到性和生育的关系后，就开始有意识地控制生育活动。在生产水平低下、战争频繁的年代，人们的寿命较短，社会发展又需大量人口，于是，人们开始从义务的角度思考生育问题，生育在人们的观念中逐渐成为一种应该履行的义务。生育的义务观念影响深远。随着社会的发展，人们权利意识觉醒，我们迎来了生育的权利阶段，人们把生育视为人的一项基本权利。尽管如此，生育的义务观念依然对人们有很大影响。可见，人类并非从其产生之初就意识到生育是自己的一项权利、一种自由。

生育权利化大概基于以下背景产生：第一，随着生产力的发展，人们逐渐意识到社会运转不再取决于人口数量，相反，庞大的人口数量变成了沉重的负担。第二，人们意识到环境的容量是有限的，过多的人口会导致灾难产生。第三，人权观念广为流传并深入人心，生育自主选择受到关注。尤其是在19世纪女权运动的影响下，妇女的生育问题与妇女在经济、政治上的解放运动联系在一起，成为妇女解放的重要内容。“法律意义上的生育权首先是作为妇女的权利，在19世纪由妇女运动组织提出的，其基本含义是妇女有权决定是否生育，何时生育和怎样生育。生育权被当作妇女的‘专有’权利提出，是妇女饱受生育强制，历经苦难的‘自然反弹’。”第四，随着生殖技术尤其是辅助生殖技术的发展，生育与性在一定程度上分离，生育不仅是意志自由的问题，而且在技术上成为可能，具有更大的可控性，使得生育自由拥有更为广阔的实现空间。第五，社会保障制度的建立和完善使“养儿防老”成为过去时。因此，在社会化因素的综合作用下，生育慢慢变成了一项权利。

在人类社会生活中，人们意识到，有些自由非常重要，以至于我们必须从法律上将其确定下来，生育自由就是这样的一种自由，它在法律层面上以生育权的形式呈现。通过考察生育权的相关法律规定可以看到，生育权是有前提条件的，生育权与责任联系在一起并被规定下来；生育权是一项基本的人权，其被视为一种消极权利，国家和他人不得干涉人们所作的关于生育的一切决定。①

接下来我们一起讨论一下大家比较感兴趣的三个话题。首先是单身女性生育问题。单身女性生育从技术上来说是比较简单的，但伦理上令人担忧，目前法律规定趋于保守。就技术上而言，对想要生育的单身女性来说，她只需要有供精的来源就能去辅助生殖中心通过人工授精技术受孕，或者更加复杂一些按照试管婴儿的流程实现有孩子的愿望。从法律的相关规定和实践方面来说，现在的辅助生殖机构基本上还是遵从2001年5月由原卫生部出台的《人类辅助生殖技术规范》，其中三之（13）规定“禁止给不符合国家人口和计划生育法规和条例规定的夫妇和单身妇女实施人类辅助生殖技术”，也就是说，现行法律是禁止或者不允许单身女性使用辅助生殖技术的。吉林省曾颁布一个适应当地的政策，即如果单身女性决定一生不结婚又想要一个孩子是可以生育的，但此规定也添加了限制条件——合法的。可见，吉林省颁布的这项政策是不具有实践意义的，因此它变成了一种宣誓性口号，而非能实际实践的权利。观察近几年的实践判例，其实是对单身女性生育问题有所松动，比如2022年4月，湖南省长沙市开福区人民法院作出一审判决，认定被告湖南省妇幼保健院应当为原告丧偶女性邹某继续实施胚胎移植手术。

---

① 1968年联合国国际人权会议通过《德黑兰宣言》，首次提出生育权是基本人权，“父母享有自由负责决定子女人数及其出生时距之基本人权”。1974年联合国召开世界人口会议，通过《世界人口行动纲领》，该纲领在《德黑兰宣言》的基础上，又将获得相关信息、教育和方法的权利纳入生育权，“所有夫妇和个人都有自由和负责任地决定生育孩子数量和生育间隔并为此而获得信息、教育和手段的基本权利；夫妇和个人在行使这种权利时有责任考虑他们现有子女和将来子女的需要以及他们对社会的责任”。中国1992年全国人民代表大会制定并通过的《中华人民共和国妇女权益保障法》第47条规定“妇女有按照国家有关规定生育子女的权利，也有不生育的自由”。

很多人为此案件的判决结果感到高兴，尽管它是在区分丧偶与单身的前提下作出的判决，但该案件对丧偶女性生育权的肯定依然在一定程度上突破了以婚姻关系为前提的传统规定，结果是较好的。与此同时，这几年在两会期间经常会有一些代表提议考虑单身女性生育问题。比如在2022年两会期间，有人大代表提议“随着女性教育和职业发展水平的提高，我国城市里的大龄未婚女性也越来越多，其中不乏有能力和意愿去独立抚养孩子的未婚女性，为此，国家卫健委、妇联应出台政策允许单身女性享有与已婚女性一样的生育权利和福利”。不少学者也对单身生育问题持有比较积极的立场与观点，中国人民大学法学院的石佳友教授就认为，单身女性享有生育权具有法理上的正当性，允许单身女性使用人类辅助生殖技术是对其生育自主的维护。综上所述，从列举的几个层面看，关于单身女性生育问题，现行法律上是比较保守的，但是从实践判例、代表提议和专家观点方面看，尽管存在争议，但一些法官、学者等对此问题的态度相对开放，也有人试着推进单身女性生育的落实。

法律层面之所以还没有敲定单身女性生育，是因为它还存在较大争议，我姑且把这些争议称为伦理担忧。第一，单身女性生育造成的只有母亲的单亲家庭环境对孩子的成长不利。人们通常在直觉上认为一个双亲都存在的家庭对孩子的成长有利，单身女性生育让孩子从一出生就没有父亲，父爱的缺失对孩子的成长不利。但其实这样的担忧是值得商榷的，双亲抚养模式确实是人类到目前为止通行的抚养后代的一种常态模式，但这并不意味着是唯一的、最佳的抚养模式。费孝通在谈及生育问题时讲道，“人类中的双系抚育并不是直接从两性生殖上演化出来的结果”[①]，“以父母来抚育孩子是一种生育制度的形式。这种形式在现有的环境里是有效的，可是我们并不能说这

① 费孝通:《生育制度》,北京:商务印书馆1999年版,第75页。

种形式在一切环境里都是有效的”①。这就给我们提出了一个问题：是不是双亲抚养的模式一定是最佳的？其中最重要的一点是，如果缺少了父爱，孩子的成长是不是一定会受影响、是不利的呢？女性主义理论对此问题可以给我们一定的启发。有人会说一个家庭里面父亲给予孩子的是深沉的爱，教给孩子坚强、自立等品质，父亲教育的缺失会导致孩子缺少阳刚之气。女性主义伦理学家就此提出了一些观点，他们认为男性其实也可以成为母亲，女性也可以成为父亲。传统观点中对父亲形象的描述不过是人类长期以来在父权制社会下形成的对于男性的印象，或者是社会性别所带来的对于男性的刻板观念，坚强、自立等品质不是男性的专属。人们为什么会认为缺少了父爱或者说缺少了父亲的角色就必然对孩子造成不利的影响呢？这可能是受到传统的社会文化观念的长期影响。某些品质并不是只有父亲能给予孩子。更何况在一些家庭，尽管存在爸爸这一角色，但实际上爸爸是缺位的。女性主义伦理学家从女性主义视角给出的启发是非常值得我们认真对待的。另外，有女性主义伦理学家还提出母爱未必是本能的观点，在父权社会下，一直以来人们都把抚育孩子的责任交给了母亲，母亲也确实花费了很多时间照料孩子，在照料孩子的过程中母亲可能也一直在跟自己和解、跟孩子和解，当她面临劳累艰辛的时候，她是在不断和解之后依然承担着一种关心孩子、照顾孩子的义务，久而久之好像成了一种本能。传统观念中父爱和母爱的形象都有可能是长期以来人们在父权制社会下形成的一种思维定式和刻板印象，这些东西都是可以改变的。而且目前没有证据或者科学论断表明生活在单亲家庭的孩子不能健康成长，在当前社会中单亲家庭的成长环境并不意味着必然会对孩子生理、心理、性格等方面产生严重影响。但是，这只是在理论上可行，现实中我们该如何向孩子解释从一出生就没有爸爸这样一种情况呢？年龄小

① 费孝通:《生育制度》,北京:商务印书馆1999年版,第61页。

的孩子无法抽象理解“妈妈也可以是爸爸”这样的观念，除非孩子身边有很多小朋友跟他一样也生活于单亲家庭，当他见到很多小朋友跟他一样时，他或许才能从这样具体的事情中理解没有爸爸不是什么不正常的事。

第二，生育必须以婚姻关系为前提。穆光宗曾提出“婚内生育是‘最合伦理的生育’”①，但他并没有对此进行论证。生育为什么要以婚姻关系为前提这一问题是不容易回答的，可能是因为在生产力发展水平很低的时候，女性一个人无力抚养孩子，因此需要走入婚姻与另一个人分担压力，故生育和婚姻绑定。但是在现代社会，往往都是经济水平较高的女性有单身生育的诉求，因此生育必须与婚姻联系在一起的观点似乎没有多少说服力了。也有人从公序良俗方面反对单身女性生育，但这也不是合适的理由。因为公序良俗是会随着社会发展不断发生变化的，以前未婚生育和婚前同居都是违反公序良俗的，但在现在看来这是可以接受的，甚至在一定程度上代表了婚姻恋爱自由。因此，公序良俗也不太可能成为反对单身女性生育的充足理由。

从技术、法律、伦理上对单身女性生育问题进行考量之后，我认为伦理上的担忧不足以构成反对单身女性生育权（自由）的充分理由。但是在目前的社会文化背景下，不得不考虑单身女性在抚养孩子的过程中遇到的各种实际困难，这些问题的解决有赖于整个社会生育观念的更新，而人们在生育问题上的态度在很大程度上又取决于社会的发展水平和女性的解放。

关于代孕问题，从技术上来说是可行的，伦理上争议很大，法律上是禁止的。但代孕的市场需求是非常广的，导致代孕走入黑市，处于难以制约的灰色地带。

不同类型的代孕所面临的问题不同，只有清楚代孕的类型才能针对不同的问题展开讨论并提出解决思路。从技术上代孕可以分为完全代孕和部分代

---

① 穆光宗:《生育权利:什么生育?什么权利?》,《人口研究》2003年第1期。

孕，核心区别在于代孕母亲是否提供卵子，如果代孕母亲提供卵子，那么她所生的孩子跟代孕母亲之间具有血缘关系，事实上她就充当了孩子实质意义上的母亲；如果代孕母亲不提供卵子，那她跟孩子就会有血缘上的间隔。从目的上代孕可以分为出于医学目的的代孕和非医学目的的代孕，前者是因为自身无法生育，后者则是自身能生但不想生；从性质上代孕分为商业化的代孕和非商业化的代孕。

代孕活动涉及三个重要角色：代孕母亲、不孕不育者和代孕的产品——孩子。代孕母亲受到的关注是比较多的，针对代孕母亲的地位、处境等，大家会关心代孕母亲是否被剥削、代孕母亲的尊严是否受到侵犯、代孕母亲是否自愿等。孩子也是被重点关注的对象，一些人认为代孕行为中的孩子是一件商品，代孕意味着买卖孩子。与代孕母亲和孩子受到大量关注的情况不同，代孕行为中不孕不育者受到的关注较少。从这三种角色看，我们的直观感受可能是，在代孕活动中，代孕母亲是被剥削者，孩子是最后的产品，寻求代孕的不孕不育者是最终受益人，代孕是不孕不育者为了实现自己有孩子的想法而进行的剥削代孕母亲的活动。其实不孕不育者在社会中占的比重不小，他们会遇到很多困难，但并没有引起足够的重视。从脆弱性视角考察代孕涉及的三类主体，或许可以为走出代孕的道德泥潭提供可能的途径。代孕涉及的三类主体都具有不同程度的脆弱性。代孕母亲的脆弱性容易理解，生育活动本身是有风险的，代孕母亲一旦进入代孕的流程就意味着她承担了可能的风险。另外，受社会政治经济文化制度的影响，身处贫困处境的代孕母亲会选择通过代孕使整个家庭的条件得到改善，再加上商业化的刺激，代孕母亲便处在更加脆弱的状态。对此，人们有各种各样的争议，有些人支持商业化代孕的理由有这么几种：代孕母亲是自愿进行代孕的；商业化代孕是一种双赢，不同人群的需求都能被满足，不孕不育的人得到了孩子，代孕母亲也得到了收入；代孕母亲有生育自由的权利，她能够自由选择代孕。有学者认为我们不能在“真空”状态下思考代孕母亲的生育自由，而应该考虑代孕母亲的受压迫地位，一部分代孕母亲处在不公正的地位，在受到压迫后选择做了代孕母亲，这时候我们不应该考虑她们是否自愿，而是应该对这样的环境进行考察。出于这一视角，我的立场是禁止商业化的代孕。尽管有人以人的尊严为理由主张禁止商业化代孕，但我认为这样的理由太宏大了，即便我们不诉诸这样宏大的理由，也可以为禁止商业化代孕作辩护。孩子具有脆弱性也比较好理解。孩子的生存和发展具有很强的依赖性，其成长与发展很大程度上取决于他所处的环境。正因如此，我们会提出一种规范性要求，代孕活动要遵循孩子利益最大化原则。

代孕母亲和孩子这两个群体受到的关注较多，也容易形成共识，但其实不孕不育者也是一类脆弱群体，需要我们关心其处境。不孕不育者的脆弱性来源于内在的生育障碍和外在的文化要求，不孕不育人群的比例非常大，不孕不育者想要生孩子需要付出很多努力，有的人可能进行很多次辅助生殖都不一定能怀孕生子，从这一点来说，不孕不育者的状态是非常脆弱和艰难的，尤其女性不仅要承受身体上的伤害，还要遭受心理折磨。另外，尽管人们的观念已经有了很大进步和更新，但社会文化的影响还是让大部分人认为生孩子对一个家庭来说是重要的和必要的，否则会招致父母的催促和其他人异样的眼光，这样的社会文化会加重不孕不育者本就脆弱的状态。因此，不孕不育人群需要得到关怀，他们的生育自由也需要在一定程度上得到保障，对此我们需要正确理解不孕不育人群的生育权和生育自由。但有人把生育权或生育自由诉诸能力，即只有具有生育能力的人才有生育权或生育自由。这种观点很容易反驳，就像为残疾人提供支持和帮助一样，我们也需要为不孕不育者提供支持和帮助，如有人因为输卵管堵塞等问题不能生育，就可以通过试管婴儿技术实现生育，那么为什么子宫出现问题时不能通过代孕获得属于自己的孩子呢?因此不孕不育者的生育诉求、生育自由是非常值得我们认真对待的。

生育权从法律规定上来说是一种消极权利，意味着需要国家和他人尊重、认可、不干涉。我们很难承认生育权是一项积极权利，否则会引发很多问题，因为积极权利意味着可以诉求他人和国家的帮助，所以不管观点多激进的人都会支持生育权是一项消极权利。约翰 · 罗伯逊（John Robertson）承认生育权是一项消极权利，但他试图为代孕作辩护。他指出生育和生育自由非常重要，它们对个人的身份认同和生活规划产生了重要影响。因此，国家没有理由干涉不孕不育者通过代孕获得孩子的决定，这样既不违反生育权是一项消极权利的界定，又解决了不孕不育者的难题。约翰 · 哈里斯（John Harris）也承认生育自由是一项消极权利，但他进一步指出，我们不能将关注点局限在生育自由是一项消极权利上，而更应该讨论生育自由的实现问题。在辅助生殖技术时代，生育自由的实现需要多方面的合作，不孕不育者获得属于自己的孩子需要别人的帮助，实现这一结果是非常重要的。凯瑟琳 · 米尔斯（Catherine Mills）认为罗伯逊和哈里斯将生育自由限制在消极权利的观点是不现实的，因为生育自由所保护的那种行使权利或者运用新技术的能力本身就要求医学专家和其他人的合作来确保生育活动的完成和成功。因此即便他们把生育自由视为一项消极权利，但是已经存在一个潜在的、隐形的过渡，即生育自由必然存在着从消极权利滑向积极权利的倾向。但米尔斯也承认，这并非两人的过错，而是生育自由的本性导致，因为生育本就需要合作，它必然存在从消极权利向积极权利过渡的本能，但是我们又不能把它视为一项积极权利，这是生育权非常重要的特点。

不孕不育者的生育障碍或脆弱性只是人类脆弱性的一种体现，诸如此类的脆弱性会在人类任何一个个体身上表现出来，因为脆弱性是人类存在的普遍状态。认识到脆弱性的一个重要意义就在于通过人类社会的制度和规范去回应脆弱性，而非任其自生自灭，这是人类文明的体现，是人类社会进步的标志。因此，从不孕不育者的脆弱性视角来看，禁止一切形式的代孕政策固然有其复杂的社会因素，但忽略不孕不育者的脆弱性及其带来的生活问题也着实是一个遗憾。在自然生育时代（没有出现辅助生殖技术的时期），生育自由被严格地限定为一项消极权利。在辅助生殖技术广泛应用的当今社会，作为消极权利的生育自由逐渐表现出其局限性。生育自由徘徊在消极权利和积极权利之间。尽管法律条文和大多数学者依然坚持生育权是一项消极权利，而绝不可能是积极权利，但是，作为消极权利的生育权已经悄然萌发出积极的要求。随着时代的发展，传统生育权概念也需要与时俱进。

冻卵相较于单身女性生育和代孕问题来说争议本不应该如此大，但实际上争议很大。从技术上说，冻卵的原理本身是很简单的，但法律是禁止的。[①]2023年3月，国家卫健委有关部门组织征求专家关于放开单身女性冻卵的意见，这或许说明国家对单身女性冻卵是有意松动的。其实冻卵本身没有问题，重要的是需要让选择冻卵的人明白冻卵并非一项生育保险，它并不能完全保证最后成功生育自己的孩子，因为从冻卵到生育，中间有很多环节步骤，需要考虑冷冻对卵子质量的影响、解冻后的受精成功率、移植到子宫后成功妊娠的概率等。因此，如果有一天法律允许单身女性自由冻卵，首先需要进行科学技术上的知识普及，只有在社会大众明白这一点的前提下，冻卵的诉求才可以得到支持。

目前我们国家允许出于医学目的的冻卵，也就是把冻卵视为一种医学上不得已采取的干预措施，如果病人因为重大疾病或进行试管婴儿等需要提前将卵子取出，这样的情况可以得到医学的支持。但非医学目的如缺少合适伴侣、非最佳生育时间等的冻卵是被禁止的。女性冻卵可以得到脆弱性视角的

① 《人类精子库基本标准和技术规范》指出，人类精子库以治疗男性不育、预防遗传疾病或为男性提供生殖保险等为目的；《人类辅助生殖技术规范》规定，实施体外受精与胚胎移植及其衍生技术的机构必须预先认真查验不育夫妇的身份证、结婚证和符合国家人口和计划生育法规和条例规定的生育正名原件，并保留其复印件备案。

辩护，女性自身的生理特点决定了女性在生育中处于一种脆弱的状态，如果社会足够文明，足够尊重女性、重视女性整体的生活状态的话，应该重视女性冻卵问题，即便是非医学目的的冻卵，争议也不该如此大。

通过对单身女性生育、代孕、冻卵问题的讨论反思生育自由意味着什么是重要的。生育自由是一项权利，但同时也是义务和责任。伊维特·皮尔逊（Yvette Pearson）认为，尽管权利和义务是一体的，但遗憾的是，人们往往忽视了义务，只强调权利。①虽然法律在界定生育权的时候已经提到“负责任的”，但是人们谈论生育权的时候更多想到的还是权利。因此，我想强调生育自由不仅意味着权利，还意味着责任。生育权的内涵需要随着时代的发展和变化而更新。另外，关于什么是对孩子好的这个问题，我们不能囿于传统、习俗观念。在判断对孩子有利还是不利时，一方面需要具体问题具体分析，另一方面需要反思我们的传统观念。最后，生育其实是一个社会问题，我们在生育问题上的态度在很大程度上取决于社会的发展水平和女性的解放。

以上是我关于生育自由做的一些探讨，此外，我还有一些未解之谜。比如，生孩子真的那么重要吗？在生活中，我会通过自己的经验、体验告诉别人生孩子是好的、重要的，但是在哲学层面，到目前为止，我并没有找到能够完全说服自己的坚实理由。现有的大部分文献主要是通过经验来渲染或者强调生孩子对人自身的完满、爱情和家庭的好处等等。然而，我们其实完全可以说，不生孩子也会带给人们一种不同于生孩子的好，比如有更多时间充实自我、完善自身。因此，生孩子带给人们的只是一种好，并不意味着所有的好，也不意味着比其他的好更好。有些人认为如果所有人都不生孩子，人类便得不到繁衍，但这只是从人类整体上来说的，我想，每个人在选择生育

---

① Yvette Pearson. “Storks, Cabbage Patches, and the Right to Procreate”. *Journal of Bioethical Inquiry* 2007, 4(2): pp. 105-115.

的时候绝不是为了人类能够得到繁衍这样宏大的目标，而是从自己的视角出发，实现自己的个人愿望。这是我困惑的地方之一，即生孩子真的那么重要吗？另外，血缘为什么重要呢？如前述对代孕问题的讨论，有人选择代孕就是为了能够拥有与自己有血缘关系的孩子，为什么一定要付出这么多时间、金钱、精力等来获得一个与自己有血缘关系的孩子呢？血缘更多地在主观上给我们一种暗示，即孩子与自己是存在客观联系的。血缘到底为什么重要？它只是父母主观上、心理上更愿意去付出的一种理由吗？针对以上问题，我想与大家进一步交流。

问答环节

边尚泽：我主要想讨论的是最后一个问题：生孩子的重要性，但是我不是从生孩子这一个视角来看。我觉得生育自由既包括新生命的诞生，也包括新生命的教育。我想借生孩子的重要性探讨生育并教育一个孩子对个体的重要性。首先我认为父权制社会对人的压迫是值得反思和批判的，但是如果我们只是寻找另一种意识形态来替代目前的父权制，那么不过是用一种父权制替代了另一种父权制而已，而只有借用一种极端化的反思才可以摆脱意识形态对人的控制。我们可以设想在一种绝对的生育自由下的状态，人们可以自由地和他人结合，可以和多个人结合，对于出生的孩子可以选择任何方式来教育，甚至可以选择不教育。那么我们似乎回到了恩格斯所说的群婚制的历史之中，一切家庭、宗族和国家都消失了，同时在生育领域，剥削和控制以及妨害人们自由的意识形态因素也消失了。在这种情况下，如果我们仍然选择要生育一个孩子，其动机理由可以构成我们最质朴的生育孩子的原因。如果我们认为教育有助于人的自我德性实现的话，那么我作为一个他者，在外界没有任何责任和义务的限制下，依然选择了去生育一个孩子，去帮助一个不是我的人去完成 TA 的自我德性实现，那么也就意味着这一份德性的实现并不是出于对自我价值实现的渴望。也就是说在这一刻我追求的不再是自我德性的实现，而仅仅是德性的实现本身，我是仅仅为了德性而去德性，德性位居自我之前，这种理念的具体实践证明便是我花费我的时间和精力去帮助另一个人完成其德性实现。因此，在极端的生育自由的背景下，人们仍然选择生育一个孩子，便意味着美德伦理的最终实现。同样对于追求美德的人而言，其美德的最终实现便是不出于任何义务和责任的理由去生育另一个生命。

王福玲：我觉得是一种非常理想化的状态，而且你说的生育自由是在一种非常绝对化的、没有任何约束和限制的情况下，还愿意去生一个孩子，愿意去抚养一个孩子，成就他的同时也成就我，在这个意义上生一个孩子就变成了一种德性，而不是一种义务，也无所谓权利。这是一个完全理想化的状态，虽然很好，但只能是一种理想。

沈洁：我认为生育不仅包括了生产的行为，同时也包括了养育。仅从现有的研究结果来看，生产行为对女性生理和心理健康方面的影响是弊大于利的。比如心血管疾病、代谢性疾病等，包括孕期脱垂、漏尿、损伤等，以及各种抑郁倾向及心理变化。由此可以得出结论：生产行为是母亲以牺牲自己身体健康为代价做出的选择行动。因而探讨生产自由，有利于女性发展，让女性去面对更多的可能性，会促进社会的进步。生产或不生产都应该得到伦理辩护。生育包含了生产及养育，生或者说生产是一种选择自由，是女性对自己身体把握的自由，而养育则是责任与义务，对于父母而言并不是自由，或者说无关自由。关于代孕相关议题，我的立场是：抵制任何意义上的代孕行为！使用辅助生殖技术是改变自己的身体条件以获得生育能力，这是自我做努力。这也和老师所提出的近视手术、输卵管疏通手术一样。这些手术都是我仅仅改变了我而达到自己想要的效果，并不涉及他人的存在以及自我和他人的关系。但是代孕行为是涉及了自我与他人的关系。这样的关系是一种利用关系，只是把女性当作子宫，把人当作工具。不管代孕行为是否出自商业目的，利用她的子宫生育都是无法忽视和回避的问题。

王福玲：我觉得这个观点也非常好，在课堂上的时候同学们能够提出一些不太能达成共识的观点。就刚才这位同学提出的问题我觉得非常值得我认真去考虑。但是我同样想把我刚才在讲的过程中的一个问题继续抛给你。比如说面对那些不孕不育者的脆弱状态或者说他们的脆弱性，如果想要禁止一切形式的代孕，那么对于他们的脆弱性我们从什么层面上给予一些回应是恰当的呢？

沈洁：我觉得我现在朴素地讲，孤儿的领养或者育幼院的照顾某种意义上是能够满足他们想要当父母的那种要求，但是可能并不能满足他们心理上的要求，即我要我自己的亲生小孩。不孕不育者有他们自己的脆弱性，但他们的脆弱性不足以牺牲其他人来达成对他们的关照。

王露璐：我补充一下，沈洁的意思可能是，某一种关系的构建不一定非要成为一个人生活中的一部分，某个人想要孩子不一定是要通过血缘来构建。就像一个人找一个伴侣这件事可能发生，但找一个特别爱自己的伴侣这件事情并不一定发生，而且仅仅找一个伴侣这件事甚至都不会发生。因此，关系的构建不一定都能满足每个人想要实现的目标。如果说一个人生活在世界上想要实现构建某种关系就一定能构建某种关系，那这是不一定的。想要一个孩子这件事可以实现，但是构建亲属关系是有条件就去构建，没有条件就不构建。不想构建当然也可以不构建，终生不结婚也可以。我觉得她大概表达的是这个意思。

王福玲：针对领养问题我再回应一下。一方面在现实层面上，相比不孕不育的人群，社会上能供其领养的孩子肯定是不够的。另外，有人也会担心领养的孩子会受到原生家庭的影响，或者自身有疾病。另一方面，确实存在不孕不育的人想方设法拥有与自己有血缘关系的孩子这一情况，他们的执念可能来自本身想生的内在需求，也可能是社会文化的影响。针对后者，禁止代孕就有赖于社会文化的进步，也就是我前面所表达的生育自由有赖于社会文明的进步和女性的解放。这需要整个社会有这样一种观念上的更新，即不要再把这种生育的观念强加于女性，或者说虽然由于女性特殊的生理属性，生孩子这件事只能交给女性，但是女性不生也没关系，我们更关注的是女性自身的发展。但是这样的一种观念需要整个社会的推动，这不是一朝一夕能够实现的。我的最终立场是愿意接受这样的解决思路的，但是在目前社会观念没有更新的条件下，我们需要关注同样脆弱的不孕不育人群，所以退而求其次，或许我们可以考虑为代孕留有一定的余地。

郑舒文：我讨论生育自由这个问题是从自由这个角度切入的，我们可以先思考生育自由所说的自由是一种什么样的自由。首先自由的概念框架其实包含积极和消极两种，一种是积极自由，就是做某事的自由，每个人基于他的自由意志、思想以及理想进行自我发展的设计的自由；另一种消极的自由是一种免于强制的自由，也是免于国家、集体、个人过多干预的自由。那么从这个角度出发的话，在理想的环境下，生育自由可以表现为人们能够自由地选择是否生育、以何种方式进行生育，且不会因为选择招致外界评价以及道德上的负担，这也就是基于一个有独立思想的人所作出的决定。然而，人们会受到来自阶级、政治、经济以及意识形态方面的一些影响，其实是很难达到一种理想状态的。比如刚刚老师和同学们所说的代孕问题，寻找代孕者的人有生育自由，也有拥有孩子的权利；代孕者也会表达说这是我选择的自由，是我的生育自由，但是她背后的原因通常是经济方面的劣势，而将这说成一种选择的自由。比如给予一个陷入贫困的人一个高昂的价格，这个价格可能是她数年的收入，但是代价是出卖自己的子宫，那么这个人会怎么选？她周围的社会关系，比如说和她处于相同贫困处境的家人怎么选？其中会不会存在逼迫和劝诱等情况？我认为这种选择的自由更像一种伪命题，因为处在那个境况的人根本没有其他选择。再比如说受封建观念影响比较深的人去做产检，她要求医生告诉她孩子的性别并说这是我的生育自由，那这是否也是自由的一种呢？因此我认为在生育自由中有一些自由其实是虚假的自由，背后暗含的是压迫而非独立人格的自由意志。我认为在生育自由中，这个自由也不是绝对的自由，在一些方面需要公权力介入并进行规范，并且该活动由于社会的不断发展也必须在个体的生育自由和国家公权力对其的限制之间不断追求平衡。

王福玲：是的，生育自由肯定是需要加以限定的，这涉及生育自由的范围。其实我刚才介绍的罗伯逊的整本书都在强调生育自由如何重要，他想要通过生育自由为某些问题进行辩护。如果我们将生育过程中的性别选择等问题都跟生育自由关联起来，那么生育自由的范围就过于大了，造成的问题也会很多。因此，一些问题应该在法律框架中考察，生育自由需要更多关注自由地选择生育的数量、生育的时间以及为生育获得相关的信息、教育等方面的自由。对生育自由进行限定，其前提是确定我们在什么样的范围内理解生育自由。如果把生育自由理解为一种消极权利，那么生育自由就绝不是一个伪命题，而且我们基本上能就生育自由很重要这一问题形成共识。就像哈里斯所说生育自由与信仰自由、宗教自由、言论自由等一样重要那样，任何反对生育自由的人都必须给出足够的强有力的理由才能够去反对它。当大家在对生育自由很重要这一点达成共识后，我们需要考虑如何限定生育自由才能既保证我们自由的选择又确保对后代有利，包括不伤害他人、尽量减少对他人和其他方面的影响。对于这个问题，我认为生育自由不是一种绝对的自由、积极的自由，也不包括性别的选择和基因编辑的选择等方式。

张萌：首先表明我的立场：我反对任何形式的代孕。我认同不孕不育者是具有脆弱性的人群这一说法，但是他们寻求代孕之后，就是以自己的脆弱身份剥削另一种脆弱群体，这个时候，相对来说，不孕不育者就不再是脆弱群体。我承认不孕不育者具有脆弱性，但是这种脆弱性不是他们剥削别人的理由。

我认为，代孕不能与近视眼手术和输卵管手术等这类示例类比。因为这类手术是不涉及他人的，而代孕必然涉及多个主体。只有一个人的时候是不存在伦理道德问题的，只有当一个人与他人产生关系的时候才会存在伦理道德问题。我承认，不孕不育者因为脆弱性需要受到帮助，我们可以通过寻求科学技术的进步让不孕不育者能够生育的方式关怀他们，帮助他们实现孕育与自己有血缘关系的孩子的愿望，但这种关怀和帮助绝不是允许代孕。就好比某个人某个器官出现问题了，我们实施帮助的手段是依靠科学技术攻克这个难题，而非允许器官买卖。

对于老师最后问的问题：生孩子真的那么重要吗？正像老师所说，您觉得生孩子重要，但您找不到一个合适的理论论证这个观点。我也一样，我觉得生孩子不重要，但我也找不到合适的理论论证这一观点。当我说我觉得生孩子不重要或我不生孩子的时候，并不意味着我要求大家都不生。存在觉得生孩子不重要且不生孩子的群体，也存在着觉得生孩子很重要且生孩子的群体，所以，诸如“都像你这样不生孩子，人类还怎么繁衍”这样的理由不能构成对不生育群体的批评。

我觉得存在的困惑是传统的家庭观念和社会观念带来的，当孩子询问自己有没有爸爸的时候，其实是一种传统家庭观念的反映。在大多数情况下，一个孩子有一个爸爸和一个妈妈。孩子产生“为什么我没有爸爸”而成年人无法回应这一困惑，这不足以成为反对单身女性生育的理由，如“你的爸爸很胖，其他爸爸都很瘦”“别的孩子爸爸妈妈接送上学，我为什么是爷爷奶奶接送呢”这样的困惑，成年人也不好解释，所以用不好解释这样的理由来反对单身女性生育是不合适的。就像老师所讲幼儿园的小朋友很难理解“己所不欲，勿施于人”这样的道理一样，在孩子这一阶段，一些问题他们就是理解不了。同样的，用较好的条件反对单身女性生育也是没有道理的。否则，贫穷的一男一女组成的婚姻家庭也不能生育。

生育从自然阶段到义务化阶段再到权利化阶段，意味着人类不单纯把自己视作繁衍的工具，是人类对人类自己认识的进步，是人类文明的进步。这一发展历程，展现了大家对权利的关注，大家更加关注自己的现实生活，提前规划以后的生活，这就是在追求自己的美好生活。

王福玲：非常好。第一点还是很值得去讨论或者争论的。很多人都提到不孕不育者通过代孕的方式生孩子是一种剥削，是一类人压迫另一类人，但我想问的是这是否必然构成剥削？讨论这个话题主要是在商业化代孕的语境之下，非商业化代孕可能也会存在这样的问题，比如说一个人本来是不想代孕的，但是基于人们情感上的某种压迫去代孕了，但是即便存在剥削的可能，是不是意味着必然导致剥削？我目前的看法是这不见得是一种剥削。这涉及我们如何理解剥削。为什么会觉得是剥削呢，是违背了代孕者的意愿，还是给的报酬低？但代孕无论是不是自愿的，其引发的争论都非常大。举个例子，有人想要代孕，开价非常高，那么我们来设身处地想一想可能的情景，你本来有一份很辛苦的工作，但正好有人出了很高的价钱找你代孕，这部分钱能够解决你生活上很大的困境，那么你会不会动摇？代孕会给代孕母亲带来风险，但这些风险也只是一种可能性，因为也有人的生育过程是相对舒心的，而且干什么没有风险呢？当你评估自己的身体和心理适合生育，再加上又很高的报酬，这时候你可以选择代孕也可以选择不代孕，如果你权衡利弊后选择了代孕，这种情况下你必然受到剥削了吗？你的尊严受到侵犯了吗？你真的被单纯当作工具了吗？

王露璐：你是不是觉得代孕是对人的本质的反叛？还是仅仅在感觉上认为代孕是一种对人的剥削？

王福玲：对，是的，这是直观的感受，我最开始思考这个话题的时候也是这样想。我们凭借直觉认为代孕，特别是商业化的、有资本运作的代孕不对劲，但是认真去琢磨的时候就发现存在问题的情况肯定是有的，但是这些问题不是必然存在的。一定要去深入探讨的话，我可能会有这样一些显得很激进的观点，即代孕并不必然构成剥削，也并不必然会侵犯人的尊严。

王露璐：我或者可以再问一个问题，如果代孕活动里面真的没有剥削了，那代孕是不是就可以合法化了？就像器官捐赠那样，如果有一个人说我就是无偿捐赠自己的子宫为别人生育一个孩子，是不是就可以了？或者说有一种极端的情况，一个人是不是无偿做善事就可以了？是不是没有金钱交易就意味着没有剥削？有没有一种可能，一个人觉得孕育生命很快乐，并且能够帮助别人解决难题？

张萌：我觉得在目前的社会环境中不存在完全没有剥削这样的可能，因为我们考虑代孕能不能合法的时候，我们面对的不是在一种理想的状态下思考代孕能不能行，而是要考虑绝大多数情形，尤其是那些最不好的情形。我当然很乐意那种理想的状态越来越多，但实际生活中往往是不好的状态更多，而且这样的状态更容易给受到伤害的人以更大的伤害。

边尚泽：老师，我想提一个更极端的反驳，就比如说一个人以看到我的自杀为乐，我真的就很自愿地认为终结自己的生命让别人快乐也是值得的，难道我的这种自杀行为也要得到辩护吗?

王福玲：但自杀和代孕是有性质和程度上的差别的，选择自杀意味着生命的终结、消亡，其严重性比代孕高得多。王露璐老师刚才提到的一点也有很多学者赞同，对有些人来说代孕确实存在一种利他的动机。有的人就是想要帮助别人生个孩子，当然前提是她评估了自己的身体状况，觉得代孕对自己的身体以及其他方面影响不太大，她看到没有孩子的家庭非常痛苦，所以她就想帮别人生个孩子，我们没有办法排除现实中的这种可能。另外，还存在一种可能的情况，比如说我的某个亲戚无法生育，由于亲情关系我看着她很痛苦，然后我评估了一下我的各方面状况觉得可以帮助她生一个孩子，通过帮助她我的情感也得到了极大满足。通过这几个例子我想说的是，社会中真的存在各种各样的情况，完全利他的动机或许是存在的，互利共赢的情况也可能存在。但是，尽管如此，我们确实不能以这样的事例鼓励代孕活动。因为代孕也存在负面影响，如果广泛推广好的方面，会造成有人因为家庭压力不得不实施代孕。因此，代孕不见得会必然造成剥削和对人的尊严的侵犯，这取决于社会条件，在一个本来就不公正的社会条件之下，对人的尊严的剥削和侵犯将是显而易见的。

我再回应一下张萌同学提到的其他几个问题。她提出的第二个问题也非常好，她意识到代孕需要找一个人帮忙，涉及第三者，而近视、输卵管堵塞等问题都不涉及对第三者的伤害，所以我们为什么不想一想其他的方法帮助不孕不育人群呢?比如人造子宫，努力发展人造子宫技术不就能解决问题吗?我觉得这涉及生命伦理学、应用伦理学的问题意识，它就是要解决现在所面临的问题。我想说，发展人造子宫当然很好，但是这个很难，如果我们真正了解了整个生育的过程，就会发现在体外制造一个能够模仿人的整个的生理机能、情绪等符合人生长条件的子宫，是非常难的。我也不知道以后技术发展会多快，但是目前在我们能够预见的未来，这个技术是不太可行的，所以在这种情况下我们还得去解决现有的一些问题。

生命伦理学或者应用伦理学面对的就是这样一些现实问题，我们为之寻找策略，这些策略可能不是完美的，只是在权衡利弊之后采取的一种权宜之计，而这种权宜之计的特点就是风险和受益能够被大家接受。如果会对第三者造成伤害，那我们可以想一想怎样把这个伤害降到最低，无论是在社会的态度方面还是在给予的相应配套等方面，我们也可以去做一些工作。张萌第三个问题谈的是个人生育的问题。我说到单身女性生育权这个问题的时候提到怎样去解释我自己的一些现实困惑，其实我不是想要通过我想到的一些现实的困难去反驳单身女性生育权问题，我只是想说如果我们承认单身女性可以生育的话肯定会遇到这样的一些问题，在现实中我们就得想一下怎么去解决，我也并没有因为这样的一些困惑去反对单身女性生育。最后张萌提到生育从自然阶段到义务阶段再到权利阶段确实体现了人类文明的进步，但是我想说的是我们还可以更进步一些。就是现在的进步还不够，我们更进步一些才能够更好地回应前面我们提到的那些问题。我们需要在观念上、制度上、文化上再往前走一步，才能去解决那些问题。

范向前：以往社会往往存在着在家庭关系和社会关系中对女性身份和地位的异化和贬低，将女性作为传宗接代和家族传承的潜在工具，甚至女性也会服从于这一异化的生育逻辑。

一种观点认为，女性是独立的主体，拥有自由的意志和免于身体依附和压迫的权利，所以所有的生育选择都应该由女性自己决定，包括是否生育、何时何地生育以及以何种方式生育。但是，这种建立在女性主义和自由主义基础上的女性的生育自由观可能会导致一系列伦理问题，如堕胎、代孕、性别选择、辅助生殖、基因编辑等，甚至有瓦解家庭的危险。

我认为，不能拘泥于女性立场谈生育问题，当然更不能站在男性立场来谈生育问题。生育属于家庭的重要活动之一，必须在家庭之中看待生育问题，因而我主张整体主义家庭观。生育是由女性承担更多的责任和义务，由两性双方共同完成的生殖活动。如果仅仅强调女性的生育自由，那就会突出女性在生育活动中的特殊价值，这本身不可否认，但是实际上会强化家庭中的男女对立，进而冲击家庭秩序。如果我们不依附于家庭关系谈生育自由，那么这看似是提高女性地位，实则将女性推入虚无主义的深渊，从而陷入后现代的迷茫。

我也坚决反对各种形式的代孕。一些人在生育器官上出现了缺陷，不能进行生育，我可以把它归结为运气不好。那么我们在其他问题上运气不好，是不是也可以借助一种辅助的方式去改变这种状况?比如说我投胎没投好，出生在困难家庭，生活特别凄惨，但是我身边的人一出生就有很好的家庭条件，那我是不是可以去以一些违法犯罪的方式牟利，以此来改变我贫困的命运，这样是否可行?再比如说河南河北等省份教育资源比较匮乏，同时国家禁止高考移民，在这种情况下我们该怎样去改变经济、教育问题上运气不好的局面?

总之，我坚持在家庭的整体关系中看待生育问题，在家庭整体关系中看待女性地位和自由问题，因为在生育问题上最重要的不是男性也不是女性，而是家庭的维系与发展。生育是家庭的大事，真正的生育自由并不是女性任意选择生育或不生育、选择何种方式进行生育、选择生育的次数和频率，而是生育向更高的层面开放，是所有家庭成员自觉地服从家庭之道，并且生育自由必须扬弃生育本身，向更大更高的整体回归和运动。

王福玲：在我看来这位同学的视野比较宏大，我总是从个人视角讨论生育问题，这位同学是站在家庭甚至上升到更高的视野去思考这样问题，并认为生育不只是个人的问题，而应该是一个家庭的共同决策。首先我想说，生殖活动本身就是合作，这个活动的特点就决定了总要有另一个人或者外在的他者参与，这个活动本身是合作。但是，这个合作是不是一定要限制在家庭里面，一定要将家庭和生育绑在一起呢？这位同学是表达了肯定的立场，觉得一定要绑定在一起。但是听了你刚才的表述之后，我想要进一步去追问的是家庭为什么那么重要？

范向前：我的意思是即使不是一男一女组成的家庭，比如说我是一个女性，我自己生了一个孩子，那我跟我的孩子也组成了一个新家庭。

王福玲：就是你觉得这种家庭也是你刚才所说的那个家庭的概念是吗？

范向前：对。

王福玲：但是这样的话，反而你是支持单身女性可以去生育啊，她生育以后也跟自己的孩子组成了一个家庭。但是你刚才所说的家庭想要表达的是女性想要生育的时候必须要考虑其他家庭成员的意愿。

范向前：目前我坚持的观点是不赞成以代孕这种技术辅助进行有性生育，但是不排除将来这会在法律、伦理等方面开放。但是无论以何种方式，我觉得生育不能离开家庭，无论是旧式家庭还是新式家庭，总之生育要在家庭之内进行。一个人组成的家庭应该也是一种家庭模式，我想表达的是生育活动应该服从家庭的一种伦理秩序，这种秩序可能会变化发展或者以更好的方式维持和运行。

沈洁：你这个自由是家庭的自由吗，就是每个家庭有每个家庭的自由，个人是没有这种自由的？

范向前：不是，我的意思是生育自由是有方向的自由。

沈洁：它受到家庭的管控吗？

范向前：对，受到家庭的管控。

王福玲：但是你对家庭的理解好像又非常广，认为一个人也能组成家庭，用供精的方式生一个孩子，跟这个孩子也能组成家庭。如果这样的话，我觉得没问题。你想要强调家庭的捆绑，但是对于单身女性生育问题，我觉得这个捆绑已经没有多大效力了，这是第一个问题。第二个问题就说到运气的因素。我现在就对脆弱性问题特别感兴趣，在讨论脆弱性问题的时候，我确实会关注到一些运气的因素导致出生遗传的基因不好或者生在一个贫穷的家庭等，如果因为一些先天因素处于一种脆弱状态的话，对于这样的脆弱人群是不是就应该让他们自生自灭，不应该有外在的回应、外在的补救或对待呢？我恰恰觉得这是一个问题。难道因为你出生在一个贫穷的家庭，上不起学就怪你自己，真的能以这样的态度去对待吗？事实上是不能的，衡量一个社会好坏的标准恰恰是看它如何对待那些由于机遇或者先天因素而自身处于不利地位的人群。我们的社会制度能不能作出一些相应的改变、给予一些措施去弥补他们由于先天或者其他不由自己控制的因素而所处的脆弱状态，这恰恰是我们应该去回应并努力做到的。就像麦金泰尔在《依赖性的理性动物：人类为什么需要德性》（*Dependent Rational Animals: Why Human Beings Need the Virtues*）中提到的，我们恰恰就是需要对这些特殊的脆弱人群提供一些关怀和帮助，因为每一个人都有可能成为弱者。无论是因为先天还是后天的因素成为弱者，都恰恰是需要我们给予回应的，我们在帮助他们、给予他们回应的过程中也会受益，因为每个人都有可能成为脆弱人群的一员。好比每个人都会走到生命的终点，所以我们应该关怀老人。我们从弱者走过来，也终将会走向弱者。社会的进步恰恰体现在我们给予他们制度、情感等层面上的一些关照，所以从这个意义上我觉得我们应该认真对待不孕不育者这一特殊脆弱人群。

赵子涵：我们为什么会讨论生育自由的问题，我认为是因为出现了生育不自由的问题，这包括“生”和“育”两个方面。不自由不仅仅是对于女性而言，男性、父母、家庭等同样也面临着不自由的情况。不自由更多与脆弱性相关，不仅是个人的脆弱，更多是面对社会压力时的脆弱，不生育不是因为不愿意生养，也不是不愿意承担生育的风险，而是不敢、不能承担社会的压迫与激烈竞争，无法为孩子、家庭提供好的发展空间，无法保障孩子、家庭后续的权利，无法很好承担相应的责任与义务。因此，探讨生育不自由的问题更应该看到社会层面的深层次原因，只有多个层面的共同努力才能帮助人们更好地实现生育自由的权利，以及义务与责任的承担与履行。

生育不应只有风险和负担，也应有积极的意义，与人类自身价值的实现有关，这是不容忽视的。人类自身价值与生育自由是相辅相成的，人类自身价值多元化实现有助于实现生育自由，生育自由的确立反过来也有助于发展人类自身价值，生育自由的实现也是对人本身自由而全面的发展的丰富。

我不完全否定代孕，代孕也并不一定带来剥削或对人尊严的践踏。与其完全否认与禁止代孕，让不孕不育者只能被迫接受现实，不如对代孕实施严格有效规范化的限制，这样可以给不孕不育者一些空间、机会弥补先天的遗憾，对于脆弱群体多一些关怀与帮助。

王福玲：我完全赞同你关于生育自由问题的看法，生孩子肯定不只有负担，也会带来很多好的地方。因此，我们这些生过孩子的人才会跟别人说生孩子还是很好的，能生俩尽量生俩，这完全是经验。我们受益了，而且受益很大，所以才会说生育自由会带来很大的价值。有些人不敢生其实反而是因为不自由，如果没有那么多经济、工作等方面的压力同时又很喜欢孩子的话，可能会一直生。生命伦理学、医学伦理学就是要去找真实的问题，不孕不育者的真实困境导致代孕的需求量很大，屡禁不止，然后很多代孕活动处在灰色地带，反而无法监管，以致出现很多问题。理想的状态只有在社会观念进步之后，女性得到了更大的解放和自由，才会成为可能。但这种状态的实现离我们又很远，所以面对如此多的不孕不育者以及代孕屡禁不止的情形，我们可以退而求其次制定一个尽量规范化的策略应对。这也是我不完全反对的原因，不是说代孕是好的，而是因为我们要解决现实的困难。也许随着社会文明的发展，这些问题会自然而然地解决了，可能就不用我们再做这样的工作了。

陈静怡：我想先就前面同学提到的“绝对的生育自由状态”这个概念发表一下我的看法。首先，我认为绝对的生育自由状态是指人可以跟随自己的意愿决定生不生、生几个、在何时何地生，这一概念的指向是生育自由，而不是性交自由。其次，我比较认同女性主义生育自由观，即将“生育”这个词分开来看，“生”是一种基本社会权利，而“育”是基本伦理责任。女性主义生育自由观与功利主义、个人主义等西方价值观有密切的联系。“生”并不是一种义务。因为法律并没有规定生产是公民的义务，如果生孩子是一种道德义务，那么强迫人生孩子这种行为本身就是一种不道德。再次，我们需要明确是在何种意义上讨论“生育自由”的。如果我们只是在讨论法律意义上的“生育自由”，那么在我看来，法律无法保证我们完全按照自己的意愿来决定生育或者不生育，因为每个人都会受到自然环境和社会条件的限制。那么，真正的“生育自由”则是“人的自由而全面的发展”的一部分。最后，无论生孩子重要还是不重要，人都有选择“生”或者“不生”的权利。但我认为，孩子可以为人提供一种精神寄托，其中的乐趣是无法靠言传体会的。虽然目前人类还未面临种族危机，但生育意味着我们可以为人类的延续贡献自己的一份微薄力量。

王福玲：我很钦佩你最后的观点，起码我在生育的时候没有这么伟大的想法。我最后提到生孩子真的那么重要吗？生育自由真的那么重要吗？其实是两个问题。我最终的未解之谜其实是：为什么生孩子那么重要？这是我没想明白的，但是这个问题不等于生育自由为什么那么重要。生育自由本身就包含了生的自由和不生的自由，就像你刚才说的生育自由重要就意味着它在捍卫我们的一种权益，我有想生的自由，也有不想生的自由，所以我觉得我们之间在这个问题上倒是没有什么分歧，只不过我一直没有想明白：为什么必须要生个孩子？因为你最后的观点，我想到了一个对于生孩子重要的可能的辩护，即生育不是对于个人的要求而是对于人类整体的命令。约纳斯（Hans Jonas）在《责任原理》（*The Imperative of Responsibility*）里面提到，责任伦理的第一条绝对的律令是负责任的人的持续存在，世界上总得有人存在，可以不反对个人的自杀，但绝对反对人类集体自杀。我觉得生育问题也适用这个观点，如果所有人都不生了，那么人类会慢慢灭亡。因此，我们可以允许个人选择不生育，但不能允许大家都不生育。你提到真正的“生育自由”是“人的自由而全面的发展”的一部分，这是对的，如果真正到了人的自由而全面发展的阶段的话，生育自由也就得到了真正实现。关于生育作为一种义务的观点，我想说我们现在已经从义务阶段进入了权利阶段，但在过去很长的历史阶段里面生育确实是一项义务。在过去的一些文献里，即便是康德也提到性活动的唯一目的就是生育，如果性活动的目的不是生育而是享受的话，那就是不道德的。这便意味着生育就是一项义务，但是现在我们已经过了那个阶段了，我们已经开始谈论自由和权利的问题。

吕雯瑜：生育问题是社会伦理的重要内容，在传统社会伦理体系中，中西方都有生殖崇拜、多生多育和重男轻女等传统。生育行为是家族繁衍、社会秩序建构、文明传承的重要形式，具有极其厚重的道德义务论的基调。女性如果不能生儿育女，往往会遭到巨大的道德谴责。进入工业文明后，人类社会有深刻的变化。女性在经济收入、政治地位等方面有了较大变化，这些直接影响着社会生育伦理的发展。生育自由观在一定程度上对女性解放起到了推动作用，它对女性的进步和社会的发展都发挥了积极的作用。但是，生育行为不仅仅是重要的个人行为，更是承载社会发展和人类进步的社会行为，关系到人类繁衍。仅仅从人格尊严、个体利益、个人道德视角考察生育自由问题，也难以收到良好的社会实践效果。在考察生育伦理问题时，不仅要考察特定的经济、政治、文化等因素，还应当考察生育技术的新发展和新变化。在新的时代环境中，女性生育技术、堕胎技术等有了巨大飞跃，这些给女性主义生育自由观带来许多新挑战，并在不同程度上解构了女性主义生育自由观。在新生育技术越来越广泛的背景下，辅助生殖技术在逐步取代自然生殖过程，生殖活动变成了能够技术控制、商业化生产的市场行为，这些给传统生育伦理带来巨大挑战，此外，新生育技术可能动摇传统家庭伦理。例如，通过试管婴儿、体外受精等生殖技术出生的婴儿，可能不知道自己的亲生父母是谁，从而导致血缘关系和抚养关系的割裂。

王福玲：对，我很同意你所说的生育不仅仅是个人的问题、独立的事情，而且是社会的事情，个人生育的意愿在多大程度上能够真正践行自由其实是社会各个层面互动的结果。正如你所说，生育自由在不同的时代有不同的理解，所以我在最开始的时候作了区分。在自然状态下没有辅助生殖技术介入的时候，我们对生育自由的理解就是不要干涉，想生的时候就生，想生几个就生几个。有了辅助生殖技术的介入后，人们对于生育自由、生育权的理解就萌生出了一些积极的色彩。因此，在不同的时代，技术发展到不同的水平，人们的观念更新到不同的阶段，人们对生育自由的理解肯定会出现一些变化。

陈宇：自由意味着有选择的权利，尤其是在生育这件事上，生育时机、生育数量甚至是生育方式，都是可以选择的。我想分享一个现实事件，有一对失独的父母，男方违背女方的意愿，将自己的精子与另一女子卵子结合的受精卵植入了女方的身体里，后来生育了一个孩子。我当时一直谴责男方的所作所为，我也一直没有想明白，为什么他选择这样做，而且女方也没有选择去结束这个胎儿的生命，因为她有选择生育的自由或者拒绝生育的自由，但是她最终没有这样做，而是坚持把孩子生下来了。听了老师分享的内容，我大概理解了一些，就是血缘很重要，生孩子也很重要。代孕或者人工辅助生殖技术确实给人类带来了福音，但如果我们像挑商品一样挑选代孕母亲，让最贫困脆弱的女性经历更大的痛苦为富人提供多一种生育选项，这绝对就是一种剥削。而且一个需要租用子宫的生育并不是生育自由，绝对的自由一定会导致强者对弱者的剥削，拿金钱转移痛苦，听起来就像是魔鬼的契约。资本之下也不存在真正的你情我愿，人生的选择不是生来就有，如果一个人要通过出卖血肉才能摆脱贫困，那么他应该得到救助，而不是为他提供方便以出卖血肉换取报偿。因此，我认为生育自由在带来福音的同时也带来了罪恶。

王福玲：其实你说的这个案例比较奇怪，不是严格意义上的代孕。因为一般代孕借用的子宫是夫妇之外的另一个人的子宫，而这个案例里借用的是另外一个女性的卵子而不是她的子宫，生出来的孩子是跟男方有血缘关系而跟女方没有，但是女方又孕育了他。你说的困惑我觉得应该从另一个层面理解，比如说即便代孕母亲与生下来的孩子没有基因上的联系，但是调查显示一部分代孕母亲与生下来的孩子分开之后会有心理上的创伤。就是说即便代孕母亲与孩子没有基因上的联系，但是经过长时间的怀胎孕育过程，二者之间会产生一种情感纽带，我觉得这在一定程度上可以佐证你那个案例中母亲的选择。另外你说女性有选择生育的自由或者拒绝生育的自由，但在现实生活中这种自由不一定能实现。即便法律承认这种自由，在实现过程中也存在各种各样的阻碍。比如你所说的案例中的妻子就算是不想生，她也没有因为有拒绝的权利就去拒绝，可能是出于维系家庭等各种理由选择了生育。

吴俣萱：由于生理因素，生育责任被迫由女性承担，在资本主义父权制下，女性受到的压迫和剥削以及由此产生的歧视和限制使得女性本身被异化。消除这种异化是实现女性生育自由的重要途径，生育自由应该是包含多方面的，不仅要让女性运用自己的自由意志选择生还是不生，男性的关怀也是非常重要的。

王福玲：对，女性生育自由的实现必须要有他人的配合和尊重。别人的配合体现在很多方面，比如说在一个家庭中妻子不想生，但是丈夫很想生，这时候女性的生育自由当然需要丈夫的配合。无论是生的自由，还是不生的自由，包括孩子的养育，当然都需要男性的参与。

沈琪章：我发现刚才同学们的讨论涉及当代政治哲学的许多流派的观点，包括后果主义、义务论、社群主义、自由主义、马克思主义等。我对刚才同学们在讨论中使用的剥削的概念有一些疑问，我们需要对刚才讨论中“剥削”概念的使用进行限定，要区分是马克思的政治经济学文本中的剥削概念，还是当代西方经济学中的剥削概念，它们不能混淆。如果使用马克思的理论中的剥削概念，会涉及劳资关系、人的类本质等概念。如果在劳资关系中讨论剥削的话，代孕商业化或合法化必然要涉及剥削。刚才老师举例问如果代孕者能获得高额收入，能极大改善生活，那这种情况还算剥削吗？我觉得剥削的概念不能只在这种极端个别的情况下使用，如果代孕商业化或者合法化，把代孕变成一种劳资关系的话，那可能就不再只是少数女性选择代孕，可能会有很多女性从事代孕工作，代孕收入会大幅降低，那这样可能就不存在我们先前提出的给你高额费用你干不干的情况了。我们不能仅仅从个别代孕事件中去发现剥削，而要从社会性的劳资关系中找到代孕剥削的必然性。另外，我非常赞成老师的观点，尤其是老师提到我们是在寻找一种没有办法的办法，我觉得我们今天的讨论意义就在于寻找一种没有办法的办法。因为我们之前的很多讨论可能是停留在哲学的思辨层面的讨论，但是今天的讨论是在寻找一种现实的办法，是在当前社会能够寻找到的诸多冲突当中的没有办法的一种办法。应用伦理学不仅是不同流派思辨争论的战场，它更关注如何在众多冲突与博弈中寻找到一个没有办法的办法，在合力中找到一个当下时代、社会所能够允许的最好出路。最后我的疑问是，王老师所说的与脆弱性相对应的那些善事物之间有无高下之分？是否有善虽然是脆弱的，也需要被满足，但相比之下是次要的？比如与代孕母亲相对应的受剥削的脆弱性与不孕不育者生育的脆弱性。

张晨：在人类存在的历史中，女性从一开始就承担着怀孕和哺育的重担，延续生命和生育下一代渐渐成了本能，成了“母性”。而男性选择在女性生育的空闲出去捕食或者筑巢，久而久之就形成了多种多样的“社会性”。因此，女人拥有“母性”，遵循“本能”去繁衍，几乎是人类根深蒂固的思想意识。在我国，自古以来，传宗接代便是女性德性的重要评价标准，中国女性的生育意志被长期规训，乃至大多数人不清楚自己为何生育，只是觉得自己应当生育。生育理应是一种自由和权利，而不是审判一个女性生命价值和人生意义的准绳。通俗地讲，生育自由是个人有选择生育的自由和不生育的自由。在当下的社会环境中，这其实是一个理想化的自由，因为它的实现需要社会生产力水平的不断提高，人类社会传统生育观念的颠覆以及女性真正的独立和解放。不过，随着现代社会的发展，女性开始承担越来越多的社会责任。直到近两个世纪，妇女运动兴起，女性开始广泛地替自己争取权益，要求平等、尊重和自由。时代发展至今，女性的地位在不断上升，大众的观念也在不断更新，女性勇于打破传统生育观念的桎梏和刻板印象的裹挟。应当看到的是，大部分女性已经实现个体意识的觉醒，具有一定的生育自由。但是，真正拥有生育自由的女性只是众多女性中具备更高经济水平和思想觉悟的极为少数的一部分。如今，我们愈加尊重女性生育自由，在支持单身女性生育的同时，应该配套应对一系列衍生问题、提供预见性的保护性安排，让女性不再对这种自由患得患失。

王福玲：传宗接代如果要成为一种生育理由的话，那我肯定是反对的，因为传宗接代本身就是父权制社会施加给女性的一种观念。如果女性是自发地、自己主动想要去传宗接代是无可厚非的，但是传宗接代一般是给父亲一方传宗接代，所以这还是父权制社会下的一种观念。如果以这种观念为理由为代孕进行辩护的话，那我肯定是不愿意接受的。即便我愿意为代孕辩护，也不是出于这样的理由，因为这进一步强化了对女性的压迫和剥削。另外，你提到有的女性迫于经济压力去代孕的情况，我们真正应该关注的是她们为什么贫穷，我们能提供什么帮助让她们摆脱贫困，因为我也不愿意把允许代孕当作摆脱贫困的一种策略，我们真正应该关注的是不公正的环境。我一直在强调社会政治、经济、文化等因素都会造成不公正的外在环境，强化女性的脆弱性。然后，对于你所说的最后一点，就像哈里斯所提的，生育自由不能仅仅停留在承认你有生育自由这个意义上，因为生育自由的实现需要一些外在的条件。

吕甜甜：您刚才提到的一个问题，就是生孩子真的那么重要吗？我觉得把这个问题拿去问我们的父母，从父母的感受再去看我们的话，可能会得到一些解答。我觉得关于有孩子这件事，像我现在的感受可能是觉得有很多牵挂，也是一种甜蜜的负担。一方面我肯定生孩子的重要性，但是另一方面因为现在抚养一个孩子的成本非常高，我又觉得不能生太多孩子。另外，老师刚才也讲到生育自由是不能脱离社会的，陈宇刚才也讲到了失独的例子，这是跟我们的国家政策紧密相连的，比如说之前的计划生育是我们的基本国策，很多家庭就一个孩子，这种失独的现象不只是单个的例子，所以我觉得谈生育自由也是有条件的。整个社会的发展对于我们去理解生育自由也是起到支持作用的，比如医疗技术的发展使自然生产的风险逐步降低，所以我觉得整个社会技术的发展也是生育自由的一个条件。而且对于个体来说，年龄也是很重要的，比如我错过了生育年龄的话就没法去讲生育自由了。因此，我觉得理解生育自由要考虑自然条件、社会条件等多个方面，而且对自由的理解不单单是对自由的权利的理解，也包括对责任的理解，自由是权利跟责任的统一体。

王福玲：我同意你的观点，其实我最开始想的标题是“生育自由在权利与义务之间”。可能这个标题更具有限定性，更能让大家明白我的立场，生育自由就是在权利和责任之间的。另外，我们讲的生育自由也肯定是在特定条件下的生育自由，不是真空环境中的自由。而这个特定条件也会受到国家政策、技术等方面的限制，因为不管是人口爆炸还是人口过度衰减都是一种问题。因此，我们讲的生育自由是在各种条件限制之下的现实的生育自由。

潘逸：现如今，大多数女性生育自由观的自主性基本丧失，这从一定程度上标志着生育异化的发生。社会对女性生育的理解演变成为多生多育是不可推卸的责任，很多女性自身也接受了这一看法，并且通过生育行为去获得社会和家庭的肯定。可以看出，人们对女性的自我体验与伦理发展关注不够，更倾向于从男性伦理出发建构社会伦理，更有甚者，简单地将男性伦理当作社会伦理。面对这种现象，我们应当更加重视道德关怀的实践意义，重视亲密关系维护、社会关系网建构，以此去解放女性。我们很有必要建立一个考虑到生育决定累积效应的伦理框架，从代际问题的角度去考虑，而不是仅仅停留在单维度的想不想生。生育自由虽然不是一个完善的结构，但是一定是必不可少的思想工具。

同时，我们需要警惕女性主义在对抗传统父权社会对于女性的制度性歧视的过程中，存在的夸大性别对立、将自由原则绝对化等问题。代孕和生殖技术的使用等问题面临着严重的伦理和现实挑战。女性主义的生育自由观在某种程度上会加剧现代社会家庭和性别的撕裂，而且会造成女性对家庭和生育的恐惧，使得女性无法正视生育之于女性自主的意义和价值。因此，女性主义的生育自由观必须和责任伦理、关怀伦理等伦理原则结合起来，如此才能真正使女性摆脱母性神话和生育异化，实现生育自由和生育自主。

王福玲：很好，你提到了代际视角，这是在生育问题上很重要的一个视角。

评议人 总结点评

今天的讨论非常热烈，以至于创造了这一季工作坊的最长时长，这说明这个话题对大家来说有非常大的吸引力，以及这个话题在学术上有值得探究的巨大空间。生育自由从字面意义上可以有很多理解，包括大家所讲的生的自由、不生的自由、生几个的自由，甚至说跟谁生的自由，然而对于生育自由究竟是什么，我们很难给出一个概念性的界定。如果我们以恩格斯对意志自由的解释为参考，生育自由是否可以表达为“借助对生育的本质及其伦理关系的认识作出决定的能力”？由此，我们可以继续追问：如何看待生育的本质？如何看待由生育建构的与他人之间的伦理关系？

马克思在《1844年经济学哲学手稿》中对生育的本质进行了非常清晰的

描述。在他看来，人的生殖行为和动物的生殖行为是有区别的，“吃、喝、生殖等等，固然也是真正的人的机能。但是，如果加以抽象，使这些机能脱离人的其他活动领域并成为最后的和唯一的终极目的，那它们就是动物的机能”①。人类的生殖行为应当以某种特定的伦理关系为基础，生育行为不仅仅意味着两性互相倾慕而繁衍后代的行为，同时也是在建构一种与他人及社会的伦理关系。基于这样一种生育观念，我们应该对于建构一种伦理关系有预期，即通过一男一女两性关系的结合组建家庭、生育子女，不过现有的法律也在一定程度上宽容了不组建家庭生育孩子的情况。随着生育观念的发展和进步，在不违反社会公序良俗的前提下，生育自由应该包含作为个体的“我”对生育的本质和由生育构建的伦理关系的判断，当“我”面对此种关系可能产生的伦理困惑具有社会质疑的能力并承担相应的生育责任时，“我”便具有与之相对应的生育自由。按照此逻辑，我对刚刚所讲的三个话题中冻卵的宽容度是最高的，单身女性生育次之，对代孕的宽容度是有限的。正如我刚才所讲，即使社会上真有一个群体愿意无偿地为他人代孕，我们也需要对代孕持有谨慎的宽容，因为我们无法解释一个生命体和他人通过代孕建构关系后到底会产生什么后果。冻卵和单身女性生育都可以不与其他人建构关系，但代孕不同，代孕活动中永远存在代孕者、代孕母亲与孩子等至少三类主体，不同主体之间会产生一种怎样的关系是无法预测的。

我有一个更社会化的想法，即当一种辅助生殖行为或者一种新的观念有利于社会人口状况的时候，我们就应尽可能支持，反之则反对。如果按照这个思路，单身女性生育是最容易获得支持的，因为会鼓励一部分原先不想生育的人选择生育，从而减缓社会老龄化。至于后续可能产生的一系列问题，可以制定相应的法律法规进行规范。单身女性作出生育选择之时，必然对自

---

① 《马克思恩格斯文集》第1卷，中共中央马克思恩格斯列宁斯大林著作编译局编译，北京：人民出版社2009年版，第160页。

己的生育后果进行了充分考量，也做好了负责任的准备，因此针对目前的人口情况来说，单身女性生育应该是一个比较好的生育政策。而且我们不应局限于当下的观念去思考未来的状态，也许未来关于家庭、婚姻、生育等的观念会有很大的更新，诸如无法向孩子解释为什么没有父亲这样的困惑也将不复存在。因此，冻卵和单身女性生育这类问题，可以通过政策法规等的规定和完善得到支持。但对代孕这类会导致人与人之间无法预测的社会关系建构的问题需要持谨慎的态度。

对生育自由的思考不仅要考量并回应现有的社会现实和伦理挑战，也要关注未来生育观念可能发生的变化。正如生命伦理学提倡的“尊重生命，接受死亡”这一理念，在生育问题上，或许我们可以用“热爱生命，接受‘遗憾’，宽容差异”的理念，更好地面对生育及其产生的各种冲突和难题。

主讲人及与谈人

主讲人

肖巍，哲学博士，著名伦理学学者。清华大学教授、博士生导师。国际女哲学家学会理事会成员，国家科技伦理委员会生命科学伦理分委员会委员，中国心理健康协会女性心理健康专业委员会副主任委员等。曾在哈佛大学（博士后项目）、牛津大学、加拿大阿尔伯塔大学、意大利帕多瓦大学、西班牙奥维耶多大学、瑞典隆德大学、英国埃克塞特大学、美国塔夫茨大学等多所世界名校从事学术研究或讲学。国家社科基金重大项目首席专家，2022年清华大学“龚育之奖教金”获得者。有《性别与生命：正义的求索》《织梦：问思新女学》《女性主义哲学指南》等多部专著、文集、译著出版，发表中英文论文近200篇。《百家讲坛》和联合国教育、科学及文化组织“巴黎哲学之夜”（2016）讲演者。自2012年起在《新女学周刊》开设“肖巍专栏”。

焦金磊，哲学博士，南京农业大学马克思主义学院讲师。主要从事政治哲学、分析哲学等方面的研究，参与国家社科基金重大项目2项，在《道德与文明》《河海大学学报（哲学社会科学版）》等刊物发表论文4篇。

李志祥，哲学博士，南京师范大学公共管理学院教授、博士生导师，中国人民大学伦理学与道德建设研究中心研究员，南京师范大学数字与人文研究中心研究员，兼任江苏省伦理学会常务理事、江苏省逻辑学会常务理事。主要研究领域为人工智能伦理、数字隐私和伦理学基础理论。主持国家社科基金一般项目1项，国家社科基金重大项目子课题2项，省部级社科基金项目4项；著有《批判的经济伦理学》《现代社会与道德批判》等学术著作4部；在《马克思主义研究》、《道德与文明》、《光明日报》（理论版）等重要报刊发表学术论文50余篇。获江苏省哲学社会科学优秀成果二等奖和江苏省高校哲学社会科学优秀成果二等奖各1项。

沈洁，南京师范大学公共管理学院博士研究生。

张燕，哲学博士，南京师范大学公共管理学院教授、博士生导师，香港中文大学哲学系访问学者，教育部首批课程思政教学名师。兼任中国人民大学伦理学与道德建设研究中心研究员、江苏省自然辩证法研究会理事、教育部人文社会科学百所重点研究基地中国人民大学伦理学与道德建设研究中心乡村伦理研究所副所长、江苏高校哲学社会科学重点研究基地乡村文化振兴研究中心副主任。获评南京市“三八红旗手”、南京师范大学“青年拔尖人才”。长期从事生命伦理和乡村伦理等研究，主持国家社科基金一般项目2项、国家社科基金重大项目子课题1项、江苏省社科基金1项，在《哲学研究》《哲学动态》《道德与文明》等核心期刊发表论文20余篇，获江苏省哲学社会科学优秀成果三等奖1项、江苏省优秀博士学位论文奖。

胡迪，南京师范大学地理科学学院副教授、硕士生导师、地理信息科学系副主任，兼任中国地理信息产业协会教育工作委员会委员、就业工作委员会委员等。研究方向为时空地理信息系统、空间综合人文学与社会科学，在历史地理信息系统理论与方法、技术与应用方面取得了原创性研究成果。主持国家级科研项目5项，包括国家自然科学基金项目3项、国家重点研发计划子课题1项、国家社科基金重大项目子课题1项；主持教育部高校人文社会科学重点研究基地重大项目子课题、江苏省自然科学基金项目等；主持技术开发委托项目10余项。发表学术论文30余篇，其中第一和通讯作者论文 SCI/EI 收录10余篇，取得国家发明专利权3项、软件著作权3项。获江苏省青年遥感与地理信息科技奖、江苏省科学技术奖二等奖（排名6/9）、中国地理信息产业协会地理信息科技进步奖特等奖（排名10/15）等奖励。

庄曦，南京师范大学新闻与传播学院教授、博士生导师，主要从事传播与社会方向的研究，入选江苏省第六期“333高层次人才培养工程”第二层次培养对象、江苏省高校“青蓝工程”中青年学术带头人培养对象、江苏省社科优青等。著有《流动儿童与媒介：移民融合中的传播与社会化问题》等专著，在《新闻与传播研究》《现代传播（中国传媒大学学报）》《江苏社会科学》等期刊发表系列论文，多篇论文被人大复印报刊资料《新闻与传播》、《高等学校文科学术文摘》等转载及引用。获教育部第八届高等学校科学研究优秀成果青年成果奖、江苏省哲学社会科学优秀成果一等奖、江苏省哲学社会科学优秀成果三等奖、全国新闻学青年学者优秀学术成果奖、全国新闻传播学优秀论文奖、江苏省教育教学与研究成果奖二等奖、南京师范大学“弘爱精英教师”、“巾帼建功”先进个人等奖项。

张萌，南京师范大学公共管理学院博士研究生。

吕甜甜，南京师范大学马克思主义学院博士生，宿迁学院马克思主义学院副教授。主要从事《思想道德与法治》和《马克思主义基本原理》课程教学，研究方向为伦理学和思想政治教育。主持完成江苏省社科基金和江苏省教育科学规划课题各1项、市厅级课题8项，发表相关学术论文20余篇。入选江苏省高校“青蓝工程”青年骨干教师培养对象、宿迁市拔尖人才对象、党史教育市委宣讲团成员、团省委青年讲师团成员等。

王福玲，哲学博士，教育部人文社会科学重点研究基地中国人民大学伦理学与道德建设研究中心副主任，中国人民大学哲学院副教授。研究领域为康德伦理学、生命与医学伦理学，主要关注尊严问题和人的脆弱性问题研究。在《哲学研究》《哲学动态》《道德与文明》等期刊上发表学术论文20余篇，著有《康德尊严思想研究》，主持多项国家级和省部级科研项目。

与谈人

王露璐　南京师范大学公共管理学院教授
周　红　南京师范大学心理学院党委书记
王　璐　南京师范大学公共管理学院博士生
吕雯瑜　南京师范大学公共管理学院博士生
汪吴燕　南京师范大学公共管理学院博士生
姜　楠　南京师范大学公共管理学院博士生
陈　宇　南京师范大学公共管理学院硕士生
陈佳庆　南京师范大学公共管理学院硕士生
沈琪章　南京师范大学公共管理学院硕士生
刘　壮　南京师范大学公共管理学院硕士生
范向前　南京师范大学公共管理学院硕士生
盛丹丹　南京师范大学公共管理学院硕士生
潘　逸　南京师范大学公共管理学院硕士生
张　晨　南京师范大学公共管理学院硕士生
陈静怡　南京师范大学公共管理学院硕士生
吴俣萱　南京师范大学公共管理学院硕士生
曹　琳　南京师范大学公共管理学院硕士生
李奕澜　南京师范大学公共管理学院硕士生
张伟皓　南京师范大学公共管理学院硕士生
邹家琪　南京师范大学公共管理学院硕士生
边尚泽　南京师范大学公共管理学院硕士生
石子琪　南京师范大学公共管理学院硕士生
岳玲玲　南京师范大学公共管理学院硕士生

陈　欢　南京师范大学公共管理学院硕士生

孔　凡　南京师范大学公共管理学院硕士生

赵子涵　南京师范大学公共管理学院本科生

郑舒文　南京师范大学商学院本科生

后　记

“应用伦理学前沿问题工作坊”已经进入第四季了，作为其成果呈现的《应用伦理学前沿问题工作坊·三》也即将出版。

前两周，在与团队一起讨论本季“工作坊”安排时，问及第3辑《工作坊》的出版进程，本能地说道，今年我就不写“后记”了吧，反正“工作坊”已经常态化地进行并将保持下去。确实，作为一个研究生教学与研究活动，进入第四季的“工作坊”已经在策划、选题、推送、开展、总结等流程上形成了一套行之有效的工作机制。而与之相对应的《工作坊》，也在汇总、修改、校对、成稿上形成了“套路”。作为主编，对于副主编张燕教授及其带领的工作团队，我所做的，其实不过是“常常点赞、时而催促”罢了。

不过，再次翻阅书稿，似乎又回到了一次次“嗨聊”的现场：首期和肖巍老师、周红书记的“三个女人一台戏”；志祥老师遭到亲学生带头“拍砖而起”的质疑；我和庄曦老师被“抓拍”到的“深情对视”；福玲的“生育自由”话题引发的最多人数和最长时间的讨论……每一期都有火花，每一期都有欢笑，以至于，“工作坊”已经被我和团队小伙伴们戏称为“周周乐”了。在我看来，一项工作在经历了若干年的推进并进入常态化后，与工作流程上的“熟悉”和“顺利”相伴相生的，常常是工作状态上的“倦怠”甚至“无趣”感。然而，直至今日，我依然会期待每个春季学期的周二晚上，依然会感受到那种交流与碰撞带来的愉悦和满足，甚至依然会常常在结束后忍不住记录下那些“小火花”并且想着有空时细加琢磨成一个“大 paper”。记得在第一季“工作坊”推出时，我以“更专业、更前沿、更快乐”作为目标，今天看来，这既是“工作坊”的“初心”，亦是当下的状态，更是永远的追求。我甚至在憧憬着，若干年后，若是我与“工作坊”的所有主讲人、与谈人依然能葆有此种“周周乐”的状态，《工作坊》的读者们依然能觉得这些呈现为文字的讨论“有意义”且“有意思”……

随着“应用伦理”进入研究生培养目录，无论是全国相关高校专业硕士学位点的申报和招生工作，还是应用伦理研究成果的急剧增长，都成为近两年伦理学乃至整个哲学领域最“火”的话题。其实，“工作坊”缘起于探索研究生课程教学改革之意，尽管当时并未预料到后续目录调整带来的“火”，但经过几年的探索和实践，我越来越深切地感受到，“工作坊”可以为应用伦理专业学位硕士研究生培养提供一种新颖而有效的形式。应当看到，专业学位研究生培养目标具有明确的职业指向，即培养特定职业岗位的应用型和实践型高层次人才。因此，作为专业学位人才培养的应用伦理应当更加注重理论与实践的结合，课程教学应当跳出传统课堂讲授形式，可采用案例教学、实地考察、田野调查、工作坊等多种形式，课程考核和毕业论文也不应限于传统论文形式，相关领域的道德调查报告、伦理审查方案、案例分析报告等，均可作为考核形式。换言之，纳入研究生专业目录并作为专业学位设置后，应用伦理为哲学人才培养既提供了新的契机，也带来了新的挑战。从这一意义上说，我们愿意通过“工作坊”及其呈现形式的《工作坊》，为应用伦理专业学位人才培养模式的改革提供某种“先行先试”的探索和尝试，更期待随着应用伦理专业学位人才培养的实质性展开和数量提升，我们能够与更多的“同道”一起探讨并实践此种形式进一步创新与发展的可能。由此，也欢迎并期待更多的同人和博、硕士生以多种形式加入，为“工作坊”带来新形式、新火花、新动能！

感谢本季所有主讲人和与谈人，特别感谢本期《工作坊》副主编张燕教授和张萌、沈洁两位博士生细致高效的工作。春天，万物生长，在“工作坊”中感受青年学者和学子们的学术成长，不亦乐乎！

王露璐
2024年春于金陵•仙林